KB119025

조선이 만난 아인슈타인

조선이 만난 아인슈타인

초판 1쇄 발행 2023년 8월 15일
초판 8쇄 발행 2024년 9월 9일

지은이 민태기
펴낸이 최순영

출판2 본부장 박태근
지적인 독자 팀장 송두나
편집 김예지
디자인 윤정아

펴낸곳 ㈜위즈덤하우스 **출판등록** 2000년 5월 23일 제13-1071호
주소 서울특별시 마포구 양화로 19 합정오피스빌딩 17층
전화 02) 2179-5600 **홈페이지** www.wisdomhouse.co.kr

ⓒ 민태기, 2023

ISBN 979-11-6812-685-5 03400

조선이 만난 아인슈타인

민태기 지음

100년 전
우리 조상들의
과학 탐사기

위즈덤하우스

부모님께 드립니다.

차례

영화 〈태극기 휘날리며〉의 한 장면. 1950년 한국전쟁이 일어나자 서울 시내에 뿌려진 신문이다. '괴뢰군 돌연 남침을 기도'라는 커다란 머리기사 왼쪽을 자세히 보면 '국력은 과학력'이라는 생뚱맞은 글자가 있다. 나는 이 영화를 UCLA 연구원 시절에 보았다. 관객 중에 백발이 성성한 미국 할아버지가 많아서 의외였는데, 곧 그들이 누구며 왜 이 영화를 보러 왔는지 알게 되었다. 스토리가 진행되자 몇몇 분이 흐느끼기 시작했다. 한국전쟁 참전 용사들이었다.

얼마 뒤 나는 미국 생활을 마치고 귀국했다. 편도로 예약한

비행기는 조금 특별했다. LA공항 라운지에는 한국행 비행기를 타려고 미국 곳곳에서 모인 노인들이 있었다. 말을 걸어보니 우리 정부가 초청한 한국전쟁 참전 용사였다. 그들 대부분의 한국에 대한 기억은 1950년에 머물러 있었다. 대한민국이라는 나라에 대형 항공사가 있다는 사실조차 신기했는지 항공사 데스크에 그려진 커다란 태극 마크를 배경으로 사진 찍는 사람들도 있었다. 비행기에서 내 옆자리에 앉은 분은 긴장해서 연신 가쁜 숨을 내쉬었다. 그리고 나에게 지금 한국은 어떤 모습이냐고 여러 번 반복해서 물었다. 20대 청년 시절에 한국을 떠나며 본 서울은 폐허였고, 이후 시골에 살면서 한국 관련 뉴스는 거의 보지 않았다고 한다. 다시는 떠올리고 싶지 않았던 모양이다.

무엇 때문인지 그는 열 시간이 넘는 비행 내내 뒤척이며 한숨도 못 잤다. 비행기가 인천공항에 다가서자 기장이 영어로 방송했다. "참전 용사 여러분께 대한민국 서울의 모습을 보여드리겠습니다"라며 서울 상공을 한 바퀴 돌았다. 순간 기내 곳곳에서 환호성이 들리고, 모두가 작은 창에 붙어 눈을 떼지 못했다. 마침내 옆자리 노인은 울기 시작했다.

내가 이 시절의 기록을 찾아야겠다고 생각한 것은 이때부터였다. 영화 속 장면에 나오는 신문부터 찾았다. 1950년 6월 26일 자《동아일보》1면이다. 영화는 신문의 지면을 정확히

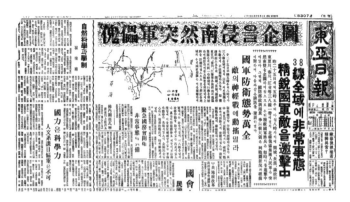

◎ 1950년 6월 26일 자 《동아일보》 1면.

재현하고 있다.

그렇다면 '국력은 과학력'은 어떤 내용이었을까? 칼럼의 원제목은 '자연과학과 학제'로, 과학 교육의 문제점을 지적했다. 일제강점기에 시작된 문과 이과 구분이 세계에서 유례를 찾아볼 수 없는 기이한 형태로 이어졌다며 아래와 같이 통렬히 비판한다.

자연과학에 혐오감을 가지고 공부하기를 기피하던 학생이 고등학교에 와서 자연과학의 과목이 거의 없는 문과를 마치고 또다시 대학 문과에 입학하여 순수한 문과계의 학문만을 학습하여 가지고 교문을 나온 그네들은 자연과학에 아무 교양이 없는 것은 물론이고 과학에 대한 이해조차 없는 반신불

수의 대학 졸업생들이다. (…) 이와 같은 인문 계통 졸업생이
사회에 나와서는 정치, 경제, 법률 기타 모든 중요 방면에 지
도자 격으로 군림하여 이공학부 출신의 기술자를 부리는 지
도적 지위를 점하게 된다.

칼럼의 필자는 최규남. 1932년 미국 미시간대학에서 한국
인 최초로 물리학 박사 학위를 받은 인물이다. 이 글을 쓸 당
시에는 문교부 차관이었고, 새롭게 시작한 대한민국의 학제
개편을 추진하고 있었다. 이후에는 서울대학교 총장을 거쳐
문교부 장관이 되어 대한민국의 초기 이공계 교육에 이바지
했다. 그의 기록을 찾다가 놀랍게도 아인슈타인(Albert Einstein,
1879~1955)이 주요 국가에서 주목받던 1920년대 바로 그 시점
에, 우리나라에도 상대성이론이 전해졌다는 것을 알게 되었
다. 단순히 소개된 정도가 아니라 전국 방방곡곡에서 순회강
연이 열렸고, 사람들이 몰려들었으며, 주요 일간지와 잡지 들
은 연이어 새로운 과학의 탄생을 지면에 올렸다. 심지어 당시
로는 최신 이론이었던 양자역학도 다루었다. 놀랍게도 이미
100년 전의 일이다.

문득 궁금해졌다. 왜 과학을 알리려던 이들은 잘 알려지지
않았을까? 이 물음에 대한 답을 찾다가 안타깝게도 가슴 아픈
우리 역사를 발견했다. 과학이 역사의 산물이듯 그들 역시 자

신이 발 딛고 있던 시대와 분리되지 않았다. 개화기의 혼란이 그랬고, 일제강점기가 그랬으며, 좌우 분열과 남북 분단이 그러했다. 그래서인지 엄연히 기록이 남아 있지만 답답했던 이 시절을 굳이 알려고 하지 않았고, 묻어두었으며, 심지어 외면했다. 서양 과학사에서 수많은 과학자가 혁명과 반혁명 사이에서 공화파와 왕당파를 오가고 때로는 서로에게 총구를 겨눴듯이, 우리도 그랬다. 중간은 허용되지 않았고, 선택이 강요되었다. 그렇게 양쪽에서 공격받고, 친일 논란에 사상과 이념까지 얽히며 하나씩 잊힌 것이다.

한편으로는 힘든 선택이었기에, 후회하지 않으려고 앞만 보고 달려야 했을지 모른다. 선택이 옳았음을 증명해야 했을 것이다. 우리의 과학 기반은 그렇게 만들어졌다. 식민지와 전쟁으로 폐허가 되었지만, 수십 년 만에 이루어낸 엄청난 발전은 그 결과다. 이것이 얼마나 경이로운지는 한국전쟁 참전 용사들의 눈물이 잘 보여준다. 분열과 전쟁은 우리에게 치유하지 못할 상처를 남겼지만, 그 시절을 견뎌야 했던 사람들은 더욱 자신을 다그치고, 가족을 부양하며 잿더미의 폐허에서 살아남기 위해 몸부림쳤다. 당연히 많은 고민과 노력이 있었고, 그 생생한 기록과 흔적이 곳곳에 남아 있다. 잊어야 할 역사가 아니다. 오히려 그 기록을 찾아가는 과정에서 현재의 우리가 어떻게 만들어졌는지 더욱 잘 볼 수 있다.

이 책에는 이 시절을 겪어낸 할아버지, 할머니와 부모 세대의 이야기를 담았다. 그들 역시 누군가를 살펴야 하는 가장이었고, 누군가의 사랑을 받는 사람들이었다. 우리의 근현대사는 이분들의 선택과 노력으로 만들어졌다. 이 책은 그분들에 대한 헌사다. 최선을 다해 그 시절을 견뎌낸 당시 과학자들의 이야기를 후속 세대에게 전달하는 게 우리 세대의 의무일 것이다. 그들이 어떤 모습으로 살았고, 어떠한 평가를 받든, 이 땅의 모든 기록은 잊지 말아야 할 소중한 기억이기 때문이다.

2023년 8월

민태기

서재필의 귀국

1895년 어느 날의 서재필 부부. 서재필의 표정이 심각하다. 이 때문인지 부인 뮤리엘은 사진 뒷면에 이런 메모를 남겼다. "자전거를 타다 사진을 찍었는데, 마치 연인이 다투는 것처럼 보인다." 이 무렵 미국에서 신혼 시기를 보내던 망명객 서재필은 조선으로 돌아갈 것을 고민하고 있었다. 재혼이었던 서재필은 31세, 뮤리엘은 24세였다. 서재필은 뮤리엘을 설득해 그녀가 가본 적도 없는, 서구에 잘 알려지지 않았던 한국으로 데려간다. 그녀는 임신 중이었다.

한편, 서재필은 조선인 최초로 자전거를 탄 사람으로 알려져 있다. 1890년대 미국과 유럽은 자전거 대유행의 시대였다. 그는 조선으로 귀국할 때 자신이 타던 자전거를 가져왔다. 서재필이 서울 도심을 빠른 속도로 이동하는 모습에 사람들은 놀랐고, 윤치호는 그에게 자전거를 배운 뒤 미국에 주문을 했다. 두 사람은 독립협회 활동을 하면서 자주 자전거를 탔는데, 나중에 보부상 무리와 대립할 때 그들이 몰고 다니던 자전거가 상대편에게 큰 위협이었다는 기록도 있다. 조선이 만난 서양 과학 문명은 이렇게 자전거로부터 시작되었다. 참고로 자동차를 최초로 운전한 조선인은 동학 3대 교주 의암 손병희다.

1895년 12월 25일, 서울의 일본 공사가 본국에 다급히 보고했다. 필립 제이슨(Philip Jaisohn)이라는 미국인이 인천에 도착했는데, 그가 바로 서재필이라는 것이다. 서재필은 임신 중인 미국인 아내를 데리고 조선으로 돌아왔다.

서재필은 1884년 갑신정변을 주도한 인물이다. 3일 만에 혁명이 실패하자 서재필은 망명하고, 첫 번째 아내는 자살했다. 두 살 된 아들은 굶어 죽었고, 집안 전체가 멸문당한다. 서재필은 고작 스무 살이었다. 갑신정변의 동지인 김옥균, 박영효, 서광범과 함께 죽을힘을 다해 일본으로 탈출했지만, 기대와 달리 일본은 그들을 반기지 않았다. 다시 박영효, 서광범과 태평양을 건너 미국 샌프란시스코로 갔다.

서재필 일행이 샌프란시스코에 도착한 것은 1885년 5월 25일이다. 이들의 망명은 미국에서도 화제였고, 《샌프란시스코 크로니클(San Francisco Chronicle)》은 1885년 6월 19일 '은둔의 나라 한국에서 온 망명자들(Corean Refugees, Exiles from the Hermit Nation)'이라는 기사를 실었다. 당시 미국에는 국비로 유학하던 개화파 유길준이 있었다. 갑신정변으로 조선 정부의 학비 지원이 끊기자 그는 학업을 중단하고 그해 말 귀국한다.[1] 아시아인에 대한 차별이 당연하던 그 시절, 견디지 못한 박영효는 일본으로 돌아가고 서광범마저 미국 동부로 떠나며 가장 어린 서재필이 홀로 남았다.[2] 절망 속에 그는 미국에서 의지할

곳은 오직 자신뿐이라는 것을 깨닫는다.

가만히 있을 수는 없었다. 막노동으로 버티며, 언어부터 익히기 위해 스스로 영어 사전을 만들었다. 언더우드(Horace Grant Underwood) 선교사가 1890년 최초의 영한 사전을 출간하기 전이다. 미친 듯이 열중하는 서재필의 모습은 어느 미국인 자선 사업가의 눈에 들게 되었다. 그의 도움으로 1886년 고등학교에 입학했고 학습력이 뛰어났던 서재필은 모든 학생을 대표해 졸업 연설을 하기에 이른다. 당시 그의 재능을 간파하고 후원하던 독지가는 서재필이 프린스턴대학에서 신학을 전공해 조선에서 선교 활동을 하기를 원했으나, 그는 이를 거절하고

---

1 서재필과 함께 갑신정변에 행동파로 참여했던 개화파 관료 변수(邊燧) 역시 1886년 미국으로 망명해 1887년 메릴랜드 주립 농과대학에 입학했다. 그 뒤 1891년 수석으로 졸업해 이학사(Bachelor of Science)를 받았다. 유길준이 최초의 유학생이지만 학업을 마치지 못했으니 변수가 조선인 최초의 학사였고, 이학사였다. 서재필보다 1년 먼저 학위를 마쳤지만 4개월 뒤 열차 사고로 사망하고 만다. 한편, 메릴랜드 주립대는 최초의 한국인 유학생 변수와 이 대학 최초의 중국 유학생 첸을 기념하기 위해 2021년 완공한 새로운 기숙사에 '변-첸(Pyon-Chen)홀'이라는 이름을 붙였다. 참고로 윤치호는 1888년 미국으로 건너가 1893년 에머리대학을 졸업했다.

2 서광범은 1892년 미국 시민권을 얻고 동부에서 어렵게 생활하다가, 1894년 청일전쟁 와중에 조선으로 귀국해 김홍집 내각에 참가한다. 1895년 조선 국적을 회복하고 갑오개혁을 적극 추진하는 한편, 동학농민운동의 지도자인 전봉준에게 사형을 선고하기도 했다. 하지만 명성 황후 시해 사건 이후 벌어진 정국 혼란 속에 주미 공사로 밀려났다가 아관파천으로 해임되었다. 서재필은 이 무렵 조선으로 귀국한 것이다. 해임된 서광범은 1896년 미국에서 폐병으로 사망한다.

✦ 서재필의 부인 뮤리엘 암스트롱.

과학을 택했다. 그리고 의대에 진학했다. 1890년 조선인 최초
의 미국 시민권자가 된 서재필은 1892년 컬럼비안대학(현 조지
워싱턴대학) 의학부를 2등으로 졸업하고 최초의 서양식 의사가
된다. 불과 얼마 전까지 유교 경전을 외던 선비는 이처럼 10년
도 지나지 않아 미국에서 서양 과학을 공부하고, 의사가 되었
다. 1894년 6월 그는 워싱턴 명망가 집안의 딸 뮤리엘과 결혼
했다. 그녀의 아버지는 제임스 뷰캐넌 대통령의 사촌으로, 철
도우편국장이던 워싱턴의 거물 조지 뷰캐넌 암스트롱이었다.
이들의 결혼은 당시《워싱턴포스트》에 실릴 만큼 미국에서도
화젯거리였다.

　이처럼 갖은 시련 끝에 겨우 미국에 정착한 그가 다시 조선
으로 온 것이다. 임신 중이던 뮤리엘은 오직 남편 서재필만 믿
고서 대륙을 횡단하고 태평양을 건너 미지의 땅에 도착했다.

다음 해, 부부의 첫 딸 스테파니가 조선에서 태어났다.

이 무렵 조선은 정치적 격동기였다. 1894년 2월에 시작된 동학농민운동은 7월 청일전쟁으로 이어졌고 혼란 속에 개화파가 주도권을 잡으며 갑오개혁을 추진했다. 하지만 갑신정변의 주역이던 김옥균은 그해 3월 이미 암살되었고,[3] 남은 박영효와 서광범은 사면을 받고 1894년 귀국해 개혁에 합류했다. 하지만 외세의 간섭과 국내 정치의 분열로 1895년 7월 개화파가 실각한다. 이러한 급박한 상황 전개에 일본이 다시 조선에 개입하며 10월, 명성 황후를 살해한다. 이처럼 당시 조선은 한 치 앞도 볼 수 없는 소용돌이에 휘말렸고, 여기에 서재필이 다시 돌아온 것이다. 그는 묵묵히 자신의 길을 걸었다.

1896년 1월 19일,[4] 서재필이 대중 앞에 나타났다. 수백 명이 모인 자리에서 자신이 경험한 민주주의, 자유와 평등에 대한 이야기를 생생하게 전했고, 사람들은 열광했다. 우리나라 최초의 공개 강연이었다. 이 자리에서 서재필이 국기에 경례를 유도하자 박수가 터졌다. 우리나라 최초의 국기에 대한 의례였다. 매주 일요일 계속된 대중 강연은 2월에 벌어진 어떤

---

3 상하이에서 김옥균을 암살한 이는 1890년부터 자비로 3년간 프랑스 유학을 마치고 귀국하던 홍종우였다. 최초의 프랑스 유학생인 그는 〈춘향전〉 줄거리를 번안해 프랑스에서 책으로 내기도 했다. 김옥균 암살 이후 홍종우는 조선의 관료로 발탁되었고, 나중에 황국협회에서 활동했다.

사건으로 중단되었지만, 그의 행보는 거침없었다.

1896년 2월 고종은 러시아 공사관으로 피신했다. 역사는 이를 아관파천(俄館播遷)이라 부른다. 피신 당일 고종은 명성 황후 시해 이후 집권한 김홍집 내각의 주요 각료인 유길준, 정병하 등을 해임하고, 이완용 등을 새로운 내각으로 임명한다. 거리 곳곳에 황후 시해에 가담한 우범선 등을 죽이라는 격문이 붙었고, 최익현은 을미사변의 주도자로 김홍집, 유길준, 정병하를 지목하며 극형에 처해야 한다는 상소를 올렸다. 김홍집과 정병하가 살해되고,[5] 체포된 유길준은 구사일생으로 탈출했다. 수일 전 말에서 떨어져 일본 영사관에서 치료 중이던 우범선은 구연수와 함께 가까스로 일본으로 망명한다.

구연수는 젊은 날 조선 정부 추천으로 일본에서 공학을 배운 엔지니어였다. 조선 정부는 빠르게 산업화가 진행 중인 일본에 인재들을 파견해 새로운 학문을 배우게 했다. 구연수는

---

4 서재필은 크리스마스에 도착했지만, 그날 조선의 달력은 11월 10일이었다. 그러나 일주일 뒤에는 1896년 1월 1일이 된다. 양력이 시행된 것이다. 갑오개혁으로 개국 연호를 사용하던 조선은 '양력을 세운다'는 의미로 '건양(建陽)'이라는 연호를 사용하기 시작했다. 달력은 개혁 조치 중 하나였는데, 흥미로운 점은 양력보다 요일제가 먼저였다는 것. 1895년 5월에 주 7일 요일제가 시행되어, 양력보다 6개월 앞섰다. 하지만 명성 황후 시해 이후 단발령과 함께 진행된 양력에 반발은 만만치 않았고, 종두법을 도입한 신지식인 지석영조차 반대 상소를 올리기도 했다.

5 《고종실록》에는 이들을 백성들이 살해했다고 기록되었지만, 일본과 프랑스 공사관은 고종의 명으로 체포하러 온 경찰이 살해했다고 본국에 보고했다.

도쿄제국대학에서 채광야금학을 접한 뒤, 당시 일본 최대의 금광인 사도광산(佐渡鑛山)**6**에 만들어진 사도광산학교를 졸업한다. 이 역시 조선 정부의 후원이었다.

1892년 귀국한 그는 조선 정부의 광산 업무를 맡던 광무국 (鑛務局) 관료가 되었다. 이어 벌어진 동학농민운동과 청일전쟁의 소용돌이에, 구연수는 정치에 몸담는다. 1894년 4월 승진한 그는 3개월 뒤 벌어진 청일전쟁에서 일본군 지원에 앞장섰다. 1895년 4월, 일본의 승리로 전쟁이 끝나자 구연수는 다시 농상공부 광산국 기사로 승진한다. 하지만 러시아가 주도한 삼국간섭으로 조선에서 일본의 영향이 무력화되자, 일본은 이를 만회하기 위해 1895년 10월 명성 황후를 살해하게 된다. 여기에 훈련대 대대장 우범선과 엔지니어 구연수가 가담한 것이다.

혼란한 조선에 도착한 미국 시민권자 서재필은 조선왕조를 경멸했고, 개화파에 돌팔매질해대는 조선 민중에 실망했다. 그

---

6 사도광산은 일본 니가타현 사도가섬(佐渡島, 사도가시마)에 있으며, 에도막부 시절 일본 최대의 금광이었다. 은 생산량도 매년 수십 톤에 달하던 중요한 곳이며, 이 은이 막부에 상납되어 화폐가 주조되던 곳이 도쿄의 긴자(銀座)였다. 메이지유신으로 막부가 몰락하자 이 광산은 1896년 미쓰비시에 불하되었다. 제2차 세계 대전 때 징용된 수많은 조선인이 이곳에서 강제 노동에 시달렸고, 큰 인명 피해가 발생했다. 2021년 12월 일본 정부는 한국 정부의 항의에도 사도광산을 유네스코 세계문화유산으로 추천했다. 유네스코의 최종 결정은 2023년에 내려질 예정이다.

렇다고 가만있을 수는 없었다. 돌아온 그가 택한 길은 이들에게 자유와 평등 그리고 인권이라는 민주주의 사상에 대해 가르치고 계몽하는 일이었다. 그 시작은 바로 신문의 발행이다.

1896년 4월 7일 서재필의 주도로《독립신문》이 창간되었다.[7] 최초의 순 한글 신문이다. 서재필이 배재학당 학생이던 주시경을 채용한 덕분이었다.《독립신문》은 창간 사설에 한글 사용에 대한 이유를 명확히 드러냈다.

> 우리 신문이 한문은 아니 쓰고 다만 국문으로만 쓰난 거슨 상하 귀쳔이 다 보게 홈이라. 또 국문을 이러케 귀졀을 떼여 쓴즉 아모라도 이 신문 보기가 쉽고 신문 속에 잇난 말을 자세이 알어보게 함이라.

이처럼《독립신문》은 가독성을 위해 한글 띄어쓰기를 채택했고, 이후 띄어쓰기가 대중화되고 정착되었다. 논설은 다음과 같이 이어진다.

> 각국에셔난 사람들이 남녀 무론하고 본국 국문을 몬저 배화 능통한 후에야 외국 글을 배오난 법인데, 죠션셔난 죠션 국

---

7 이를 기념하기 위해 4월 7일이 '신문의 날'이 되었다.

문은 아니 배오드래도 한문만 공부하는 까닭에 국문을 잘 아는 사람이 드물미라. 죠션 국문하고 한문하고 비교하여 보면 죠션 국문이 한문보다 얼마가 나흔 거시 무어신고 하니 첫재난 배호기가 쉬흔이 됴흔 글이요, 둘재난 이 글이 죠션글이니 죠션 인민들이 알어셔 백사을 한문 대신 국문으로 써야 상하 귀쳔이 모도 보고 알어보기가 쉬흘 터이라.

그리고 한글로 지식과 정보를 소통하는 이유로는 신분과 빈부 격차뿐 아니라 남녀평등 문제에도 중요한 역할을 할 수 있다며, 다음과 같이 《독립신문》의 사회적 역할을 강조한다.

죠션 부인네도 국문을 잘하고 각색 물정과 학문을 배화 소견이 놉고 행실이 정직하면 무론 빈부 귀쳔 간에 그 부인이 한문은 잘하고도 다른 것 몰으난 귀죡 남자보다 놉흔 사람이 되난 법이라. 우리 신문은 빈부 귀쳔을 다름업시 이 신문을 보고 외국 물정과 내지 사정을 알게 하랴난 뜻시니 남녀 노소 상하 귀쳔 간에 우리 신문을 하로 걸너 몃 달간 보면 새 지각과 새 학문이 생길 걸 미리 아노라.

그는 한발 더 나갔다. 《독립신문》 발간에 맞춰 독립문 건립 추진 위원회를 만든다. 이완용을 위원장으로 하는 이 모임은 7월 2일 독립협회로 발전한다. 고종은 독립협회와《독립신문》에 국고를 지원했다. 여기에 고종의 측근뿐 아니라 대원군을 지지하는 세력과 친러파, 친일파 등 정파를 초월한 다수의 관료가 참여했다. 어쩌면 몰락하는 조선을 다시 세우기 위한 마지막 몸부림이었다. 석 달 전 우리나라에서 처음으로 국기에 대한 의례를 시작했던 서재필은 독립문에 태극기를 새겼다.《독립신문》은 태극기라는 명칭을 최초로 사용했고, 제호에도 태극기를 인쇄했다.

1897년 2월, 러시아 공사관에 피신해 있던 고종이 경운궁(지금의 덕수궁)으로 거처를 옮겼다. 상당수 개화파 관료가 참여한 독립협회의 요구이기도 했고, 외세 배척의 메시지가 강했던 보수파 역시 이를 지지했다. 그리고 이들 보수 진보 세력은 한목소리로 자주 독립국으로서 '제국'을 요청하기에 이른다. 1897년 10월, 여론에 호응한 고종은 조선을 대한제국으로 선포했다. 이때만 해도 같은 길을 걷는 것 같았던 두 세력이었지만, 곧 민주주의 도입을 둘러싸고 대립한다.

독립협회는 점차 서구식 입헌군주제를 도입하자는 목소리를 내기 시작하고, 조금씩 대중을 끌어들인다. 서재필의 주장은 한층 과격해지고 있었다. 1897년 11월에는 "자신의 권리를 지키기 위해서 군주나 아버지를 죽일 수 있다"고 연설하기에 이른다. 독립협회가 고종을 폐위하고 공화정을 도모한다는 소문이 파다하게 퍼졌다. 암살 위협이 계속되었지만 서재필은 배재학당에서 후학을 가르치는 일에 더욱 매진했다.

처음에 서재필의 귀국 소식을 들은 윤치호는 무덤덤했다. 1893년 에머리대학을 졸업하고 들른 워싱턴에서 의사가 된 서재필을 찾아갔다가 차가운 대접을 받은 적이 있기 때문이다. 그랬던 서재필은 서울에 오자마자 윤치호에게 여러 차례 도움을 청했다. 이때 윤치호는 서재필이 벌이는 《독립신문》이 다소 무모하다고 보았다. 하지만 순 한글 신문이 성공하자, 영어로 일기를 쓰던 그는 한글 철자법에도 관심을 보이며 조금씩 바뀌었다. 윤치호는 여러 정파가 뒤섞인 독립협회도 처음에는 이상한 조직이라고 생각했다.

그러던 윤치호가 완전히 생각을 바꾸는 계기는 1897년 7월 배재학당의 졸업식이다. 각국 외교관이 참석한 이날 행사에 졸업생 이승만이 조선의 독립을 강조하는 영어 연설로 주목받았다. 놀라운 일은 그다음이었다. 학생들이 양쪽으로 나뉘어 공개 토론을 진행한 것이다. 이 모습에 수백 명 청중이 열광적인 호응을 보냈다. 서재필은 배재학당 학생들에게 논리로 자신의 주장을 펼치며 상대방을 설득하고 청중의 동의를 구하는 토론 수업을 시켰다. 여기에 자극받은 학생들이 토론 모임을 만들었는데, 이것이 '협성회'의 시작이다. 1년 만에 서재필이 이렇게 미래 세대를 키워내자 윤치호는 감동한다. 그 역시 대학 시절 학생 토론팀으로 활약하며 뛰어난 토론자에게 주어지는 메달을 받기도 했기에 더욱 감격했고, 이후 서재필을 진심으로 존경하며 독립협회 활동에 적극 가담한다.

협성회는 이승만, 주시경, 오긍선 등 배재학당 학생들을 주축으로 결성되었으며, 많은 사람의 관심을 끈 토론회를 기반으로 대중 계몽 활동에 나섰다. 이렇게 이승만과 김규식에게 큰 영향을 준 서재필은 그들에게 미국 유학을 적극 권유했다. 오긍선 역시 미국에서 의사 면허를 받아 서재필의 뒤를 이었고, 나중에 세브란스 의학전문학교 교장이 되어 우리나라의 서양 의학에 큰 공헌을 하게 된다.[8] 그리고 이들이 선도하는 대중 토론회가 인기를 끌자 독립협회는 만민공동회를 조직하고, 만민공동회에서는 안창호가 명연설가로 주목받기 시작했다.

그러나 서재필의 이러한 활동은 점차 조선을 둘러싼 열강들의 외교전에 휘말리게 된다. 당시 《독립신문》은 러시아를 비난하는데, 여기에는 아관파천으로 주도권을 뺏긴 일본의 입김이 작용했다. 많은 지식인이 참여하던 독립협회는 점차

---

[8] 의사였던 서재필은 당시 계몽 활동에서 공중 보건과 위생을 무엇보다 강조했고, 이 흐름은 후배 의사들에게 이어졌다. 참고로 일제강점기 33.7세였던 한국인의 평균 수명은 2020년 기준 83.5세로 두 배 이상 늘었고 영아 사망률 역시 1,000명당 241명에서 2021년 기준 2.4명으로 무려 100분의 1로 줄었다. 이토록 짧은 기간에 의료 기술이 발달한 사례는 우리나라가 거의 유일하다. 그 시작은 최초의 의사 서재필이었다.

❂ **서재필의 두 딸 스테파니와 뮤리엘.**
첫째 딸 스테파니는 조선에서 태어났고, 둘째 딸 뮤리엘은 미국에서 태어났다. 아마 미국에서 이 사진을 찍을 때가 서재필이 가장 행복한 시절이었을 것이다.

일본의 입장을 대변하는 듯이 바뀌어갔다. 결국 조선 정부는 독립협회를 통제하려 들었고, 여기에 러시아의 견제가 더해지며 서재필이 물러난다. 1898년 5월 14일 서재필은《독립신문》과 독립협회를 윤치호에게 맡기고 미국으로 돌아간다. 그의 두 번째 망명이었다. 그날의 장면을 윤치호는 이렇게 기록했다.

오전 10시에 서재필 박사를 배웅하기 위해 용산에 갔다. 30명이 넘는 독립협회 회원이 참석했다. 다들 눈물을 흘렸다. 서재필 박사에게는 참으로 영광스러운 변화다. 1884년, 서재필 박사는 각계각층의 증오와 저주를 받으며 조선을 떠났다. 그 뒤 박사를 개처럼 죽이는 조선인은 누구라도 왕국에서 가장 충실한 신하로 간주되었을 것이다. 하지만 오늘 서재필 박사는 서울을 떠난다. 부패한 지배 세력은 박사를 증오하지만, 국민들은 그와 함께 있다. 국민들은 박사를 존경하고 사랑한다. 많은 이가 박사를 죽이려고 하는 대신 필요하다면 기꺼이 박사에게 목숨까지 바칠 것이다(적어도 그들은 그렇게 말하고 있다).

1898년 대한제국의 정세는 더욱 급박했다. 만민공동회에 몰려든 군중은 늘어가고, 이들은 '의회' 설치를 강하게 요구하기 시작했다. 마치 서구 시민혁명과 같은 상황이 전개되었다. 급진적인 요구가 빗발치자, 정부와 보수 세력은 이에 대항하는 '황국협회'를 7월에 출범시킨다. 같은 달, 독립협회 회장이던 안경수가 고종 황제를 물러나게 하려다 발각되었다. 안경수는 일본으로 도주하고, 일본에 망명 중이던 우범선, 구연수는 급변 사태를 기대하며 움직이기 시작했다. 9월 12일, 커피에 독을 타서 황제와 황태자를 암살하려는 사건까지 벌어진다.

1898년 9월 27일, 서울의 일본 공사가 다급한 상황을 보고하며 본국의 지휘를 요청했다. 일본에 피신해 있던 우범선이 인천으로 밀항해 잠입했다는 것이다. 일본은 우범선이 독립협회와 뭔가를 꾸미는 행적을 포착했다. 하지만 또다시 우범선이 주목받으면 난처해질 수 있어, 그를 설득해 다시 일본으

◈ **1903년, 한성감옥의 이승만과 그의 옥중 동지들.**

왼쪽에 서 있는 이가 이승만이다. 그는 투옥 중 독립협회 동료였던 주시경이 은밀히 건네준 권총으로 탈옥했다가 다시 잡혀 들어왔기에, 중죄인으로 포승줄에 묶여 있다. 당시 이승만을 재판한 이가 홍종우였는데, 그의 배려로 이승만은 겨우 목숨을 건질 수 있었다. 김옥균을 암살한 홍종우는 이 무렵 황국협회를 이끌고 있었다. 그리고 앞줄 왼쪽 첫 번째가 강원달, 네 번째가 이상재다. 강원달은 원래 황국협회 발기인이었다. 황국협회 부회장이었던 고영근이 만민공동회에서 활동했듯이, 강원달도 그렇게 변신했다. 우범선은 아관파천으로 일본에 피신하면서 아내 서길선과 딸 우희명을 강원달에게 맡겼다.

우범선은 일본에서 사카이 나카와 두 번째로 결혼해 1898년 4월 우장춘을 낳았다. 우범선과 을미사변에 가담했다가 같이 일본에 망명 중이던 구연수는 사카이 나카의 동생 사카이 와키와 결혼해서 아들 구용서를 낳았다. 우장춘의 이종사촌 동생 구용서는 나중에 한국은행 초대 총재가 된다.

1898년 9월, 정국이 요동치는 가운데 강원달은 우범선을 만나러 일본으로 갔다. 이 무렵 강원달은 우범선의 딸 우희명과의 혼인을 승낙받고, 우범선은 사위가 된 강원달에게 부탁해 아들 우장춘의 호적을 대한제국에 등록한 것으로 짐작된다. 수배령이 내려진 우범선이 인천항에 밀입국한 것도 이때였다. 아들 우장춘이 태어난 지 겨우 다섯 달 뒤였다. 한편, 이 사진을 찍을 무렵인 1903년 우범선은 고영근에게 암살당한다.

로 데려간다. 이때 우범선에게는 태어난 지 5개월 된 아들이 일본에 있었다. 그가 바로 우장춘이다. 우범선은 우장춘의 호적을 한국에 올려놓았다.

이처럼 1898년의 대한제국은 한 치 앞을 볼 수 없을 정도로 혼란했다. 고종은 일단 만민공동회의 요구를 받아들이는 제스처로 의회의 일종인 '중추원'을 설치했고, 여기에 개화파 상당수가 입각한다. 하지만 곧 보수파의 반격이 시작되고, 그 전면에 황국협회가 나섰다. 만민공동회를 공격하며 양측의 물리적 충돌이 시작된 것이다. 이를 구실로 정부가 독립협회 해산을 명령하면서 활동은 중단된다. 1899년 1월, 정부의 대대적인 검거로 수많은 독립협회 간부가 투옥되고 개화파 관료 민영환과 이상재가 파면되었다. 만민공동회를 이끌던 고영근과 윤치호는 가까스로 피신에 성공했지만, 이승만은 이상재와 함께 체포된다.

COREA THE SLEEPING LAND

ITS QUEER PEOPLE, STRANGE CUSTOMS AND COMING AWAKENING.

1902년 12월 7일 자 미국 신문《샌프란시스코 크로니클》에 실린 도산 안창호 인터뷰 기사. 제목은 '코리아, 잠자는 땅: 별난 사람들, 낯선 관습들, 깨어나는 자각들(Corea, the Sleeping Land: It's queer People, Strange Customs and Coming awakening)'이다. 당시 서구 열강의 각축장이 된 한국은 잘 알려지지 않은 은둔의 나라였다. 평양 쾌재정(快哉亭)에서 만민공동회 연설로 세간의 주목을 받은 안창호는 독립협회 활동을 통해 교육의 중요성을 깨닫고 미국 유학을 결심한다. 그는 할아버지가 정해둔 정혼자 이혜련에게 신학문을 배우겠다는 다짐을 받았다. 1902년 9월 3일 결혼한 안창호는 이튿날 미국으로 향했다. 그리고 도착한 지 두 달 만에 미국 유력 일간지와 인터뷰한 것이다. 그는 한국을 "우물 안 개구리"로 표현하며, 미국에서 많은 것을 배워 귀국해 교육에 헌신하겠다는 포부를 밝혔다. 1865년 창간된《샌프란시스코 크로니클》은 당시 미 서부 최대의 일간지였고, 현재도 미국의 주요 신문 중 하나다. 이 신문은 서재필이 1885년 미국에 망명했을 때 역시 기사를 실었다.

1902년 10월, 유학을 떠난 안창호가 샌프란시스코에 도착했다. 그는 미국으로 가는 배 위에서 태평양 한가운데 우뚝 솟은 화산섬 하와이를 보고 감격해 자신의 호를 '도산(島山)'으로 지었다. 안창호는 샌프란시스코 길거리에서 두 사람이 상투를 붙잡고 싸우는 장면을 목격한다. 일단 싸움부터 말리고 사연을 물었더니, 인삼을 팔던 한국 상인들 사이의 구역 다툼이었다. 안창호는 큰 충격을 받았다. 지금 해야 할 일은 공부가 아니라 즉각적인 의식 개혁이라고 생각했다. 그는 진학을 포기하고 대대적인 계몽 활동과 한인촌 건설에 앞장서고 신문을 발행하며 교포들의 단합을 이끌었다. 이후 샌프란시스코를 시작으로 미국 전역에 한인 공동체가 구성되기 시작한다.

안창호가 하와이를 지나가고 두 달 뒤인 1902년 12월, 대한제국의 정식 여권을 소지한 최초의 이민자들이 민영환의 배웅을 받으며 인천에서 하와이로 출발했다. 민영환은 이들의 여권과 비자 처리 업무를 맡았다. 러시아 니콜라이 2세 대관식과 영국 빅토리아 여왕 즉위 60주년에 참석하며 국제 정세에 눈을 뜬 그는 날로 격해지는 열강들의 침략을 외교 관계로 어떻게든 막아보려고 했다. 하와이 이주 사업 역시 그 일환으로 추진된 것이다.

1904년 러일전쟁으로 급박한 상황이 전개되자 민영환은 독립협회 사건으로 옥중에 있던 이승만의 사면을 건의한다.

❀ **1896년 러시아 니콜라이 2세 대관식에 참석한 민영환(앞줄 가운데).**

민영환의 왼쪽이 윤치호다. 아관파천 직후 고종은 민영환을 러시아로 파견해 대관식에 참석시켰다. 이들의 여정은 《해천추범(海天秋帆)》에 기록되었다. 4월 1일 인천에서 배에 오른 일행은 중국, 일본을 거쳐 태평양 너머 캐나다, 미국을 지나고, 다시 대서양을 건너 영국, 아일랜드, 네덜란드, 독일, 폴란드를 거쳐 러시아에 도착했다. 그리고 대관식 후에는 시베리아를 횡단해 10월 21일 귀국했다. 민영환은 1882년 임오군란의 원인을 제공한 민겸호의 아들이다. 임오군란은 대원군의 처남 민겸호가 군량미를 빼돌려 발생한 사건으로, 이 일로 민겸호가 살해되고 고종의 친정 이후 정권에서 소외되었던 대원군이 다시 집권했다. 1897년 영국 빅토리아 여왕 즉위 60주년 행사에도 참석한 민영환은 이때의 기록을 《사구속초(使歐續草)》로 남겼다. 한편, 민영환과 동행했던 윤치호는 따로 프랑스에 머물다 귀국했다. 프랑스로 가는 도중 잠시 머문 베를린에서 엑스선(X-ray) 사진을 본 기록을 남겼다. 뢴트겐(Wilhelm Conrad Röntgen)이 인류 최초의 엑스선 사진을 찍은 지 불과 몇 달 뒤의 일이다.

그를 특사로 파견해 미국 대통령을 만나 도움을 청하기 위해서였다. 11월 4일, 민영환의 밀서를 가지고 이승만이 미국으로 향한다. 하와이를 거쳐 12월 31일 워싱턴에 도착했다. 1905년 1월 《워싱턴 포스트》와의 인터뷰를 통해 일본의 한국 침략을 비판하고, 민영환의 요청대로 당시 대통령 시어도어 루스벨트(Theodore Roosevelt Jr.)와 만나기 위해 갖은 노력을 다했다. 미국으로 돌아간 서재필도 힘을 보탰다.

1905년 여름, 루스벨트 대통령의 딸 앨리스 루스벨트와 전쟁장관 윌리엄 태프트(William Howard Taft)가 일본으로 향한다. 중간에 들른 하와이에서 태프트는 이승만을 만나고, 여기서 이승만은 루스벨트 대통령을 만날 수 있는 소개장을 얻었다. 7월 말, 도쿄에 도착한 태프트 장관은 일본 수상 가쓰라 다로(桂太郎)를 만나 일본의 한국 지배를 묵인하는 '가쓰라-태프트' 밀약을 맺었다.[9] 8월, 이승만은 루스벨트 대통령을 면담했으나 이미 상황은 기울어져 있었다. 9월, 마지막 희망의 끈을 놓지 않았던 민영환은 다시 이승만을 격려하며 활동 자금을 보냈다. 하지만 9월 5일 루스벨트가 주선한 포츠머스조약으

---

[9] 7월 25일, 윤치호는 도쿄에서 가쓰라 수상을 만났다. 그는 당시 일본이 태프트 장관을 맞이하는 분위기를 일기에 남겼다. 이후 앨리스 루스벨트 일행은 조선에 들러 대한제국 정부의 융숭한 대접을 받았다.

로 일본의 한국 지배는 굳어진다. 루스벨트는 이 공로로 그해 노벨 평화상을 받았다. 그리고 이승만은 미국에 남아 유학을 결심한다.

하와이에 정착한 대한제국 이민자들은 주로 사탕수수밭에서 일했다. 일당은 미국 노동자의 절반도 안 되었지만, 그들은 이 돈을 모아 귀국할 꿈에 부풀어 있었다. 대한제국 정부 역시 이민자의 실태를 파악하기 위해 1905년 9월 윤치호를 하와이에 파견했다. 아직 이들의 국적은 한국이었다. 윤치호는 독립협회 간부였던 현제창의 아들 현순이 목사가 되어 교민 사회를 이끄는 것을 보고 대견해하기도 했다. 하지만 11월 17일, 을사조약(乙巳條約)이 맺어지고, 대한제국의 외교권이 박탈당한다. 같은 해, 일본의 요구로 한국인의 하와이 이민도 금지되었다. 대한제국의 운명은 여기서 다했다. 하와이 이민을 주선했던 민영환은 자결하고, 이민자들이 돌아갈 조국은 없어졌다.

대한제국의 마지막을 알린 1910년 8월 28일《대한매일신보》논설은 어떤 내용이었을까? 제목은 '학술사상의 변환'이다.

우리나라의 학술사상은 옛것만 지키고 변할 줄 알지 못하여 (…) 썩이는 적은 제도에 불과한 헛된 문구를 오히려 뱃속에 품었으니 무릇 학술이 이에서 더한 것이 없을 줄로 생각하고 신학문을 냉소하며 신교육을 나무라니 (…) 종신토록 웅얼

거린들 그 학술의 효력이 어디서 성하리오. (…) 일국 내의 사람으로 하여금 한 사람이라도 교육을 받지 아니한 자가 없고 한 사람이라도 학문을 알지 못하는 자 없어서 초야에 묻힌 사람이라도 다 나라를 위하여 외국을 방어할 줄을 알며, 시정에 소민이라도 다 국가의 정치를 알아서 중인의 의론을 인하여 정치를 하고 조야의 공론을 취하여 법령을 발표하여 전국의 인중이 나라로 더불어 일체가 되어 강토에 가득한 자가 모두 인재를 이루나니라. 옛적에는 민족을 이런 방법으로 개도하였으니 지금 열강국의 교육이 무엇이 다르리오.

이것이 《대한매일신보》가 피를 토하듯 우리 민족에게 던진 마지막 메시지였다. 이렇듯 허무하게 나라가 없어졌지만, 하와이에 정착한 대한제국 사람들은 자치 조직을 만들고 돈을 모으기 시작한다. 마치 세금처럼 수입의 일부를 미주 한인 단체인 '대한인국민회(Korean National Association)'에 꼬박꼬박 냈다. 서로의 상황을 공유하고, 고국 소식을 알리는 신문도 발행했다.

1915년 6월 24일, 미주 한인들의 소식지였던 《신한민보》에는 하와이 이주민에 관한 재미있는 기사가 실린다. 우리 민족에게 아인슈타인과 상대성이론을 소개한 황진남에 대한 최초의 기록이다.

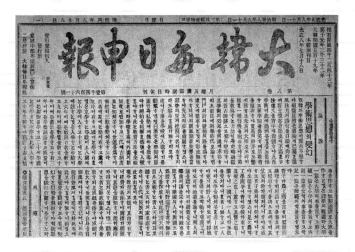

◎ **대한제국의 마지막 날인 1910년 8월 28일 《대한매일신보》.**

이 신문의 마지막 날이기도 했다. 우측 상단에 조선 개국을 대한 개국으로 표기하고 이를 단군까지 연결해 신문의 정체성을 드러낸다. 같은 날 2면 '잡보: 시국 문제'에는 모처에서 들었다며, 당시 조선 통감 데라우치(正毅寺內)와 이완용이 한일합병조약을 협상해 이미 22일에 조인이 끝나 내일, 즉 29일에 공포 예정이라는 사실을 보도했다. 이를 마지막으로 《대한매일신보》는 《매일신보》라는 총독부 기관지가 된다. 따라서 알려진 것과 달리, 국권피탈일은 8월 29일이 아니라 8월 22일이다. 같은 이유로, 1965년의 한일 협정 제2조는 "1910년 8월 22일 및 그 이전에 대한제국과 일본제국 간에 체결된 모든 조약 및 협정이 이미 무효임을 확인한다"라고 되어 있다. 이 참담한 사실을 알린 《대한매일신보》의 마지막 28일 자 기사는 그 전날인 27일에 작성되었을 것이다. 기구하게도 27일은 순종 황제 즉위 3주년 경축일이라 공휴일이었으며, 국기가 게양되었다는 내용이 합병을 알리는 기사 아래에 실렸다. 대한제국에서 마지막으로 태극기가 걸린 날이다.

하와이 호눌루루에 잇는 학생 황진남씨는 금년 하기에 즁학 교를 맞추고 쟝차 미국 내지로 건너와 대학교에 입학하기로 예뎡인데 그의 부친 황명션씨가 미국에 온 후에 쇼식을 알지 못함으로 본샤에 편지하야 그 부친의 잇는 곳을 탐문하얏는 데 들은즉 황명션씨는 가쥬 콜루사 땅에셔 벼농사를 하는 즁 이라더라.

1897년 함흥에서 태어난 황진남은 하와이 이민자였던 아 버지를 따라 하와이에 거주하고 있었다. 콜루사(Colusa)는 샌 프란시스코 근처 나파밸리 북동쪽에 있는 지역으로, 우리 선 조들은 이곳이 벼농사에 적합함을 알게 된다. 하와이에서 이 소식을 들은 황진남의 아버지는 가족을 두고 홀로 콜루사로 향했고, 여기에는 먼저 벼농사를 시작한 철도 노동자 김종림 이 있었다. 그해 가을부터 콜루사 한인들에게 그야말로 대박 이 터졌다. 제1차 세계 대전의 여파로 곡물 가격이 폭등하자 한인들의 쌀은 그야말로 날개 돋친 듯 팔려나갔다. 특히 김종 림의 경우, 벼농사 기계화에 앞장서 쌀 재배 면적을 400만 평 까지 늘려 연간 소득이 100만 달러가 넘는 거부가 되었다. 김 종림을 중심으로 벼농사를 짓던 한인들은 한인 비행대를 세 우기도 한다.

황진남의 아버지 황명선도 하와이에서 캘리포니아로 이주

◎ **1920년 캘리포니아의 한인 비행대.**
100년 전 우리 선조들은 독립을 위해 당시로는 최첨단 무기였던 비행기를 구매하고 조종사 양성소를 세웠다. 이 엄청난 비용은 캘리포니아 한인 농부들에게서 나왔다. 하지만 제1차 세계 대전이 끝나며 곡물 가격이 급락하고, 1920년 가을 대홍수로 콜루사의 벼농사는 초토화되었다. 가장 큰 피해를 본 한인 농가들은 서서히 무너져갔다. 그 결과 한인 비행대도 해체되었다.

해 벼농사로 큰돈을 벌었다. 위 기사에 난 것처럼 1915년 중학교를 졸업한 황진남은 UCLA와 USC에 등록했다가, 1916년 캘리포니아 주립대학(버클리) 광산과에 입학한다.[10] 당시 캘리포니아에서는 광산과가 가장 유망한 학과였다. 그의 인생을 바꾼 것은 1919년 3·1운동이었다. 뭐라도 해야 한다는 생각에 대학을 자퇴하고 캘리포니아 각지를 돌며 동포들에게 3·1운동을 알렸다. 당시 미주 한인 사회의 지도자였던 안창호는 마치 자신이 젊은 시절 학업을 중단한 것처럼 대학을 그만두고 독립운동에 투신한 이 피 끓는 젊은이를 눈여겨보았다.

이 무렵, 독립협회에서 물러나 다시 미국으로 돌아온 서재필은 사업에 전념해서 꽤 성공한 상황이었다. 그는 최초의 한글 타자기인 이원익 타자기가 탄생할 수 있도록 도움을 주기도 했다. 이원익은 1912년《신한민보》에 이렇게 기고했다.

내가 1902년 미국으로 건너온 이후로 우리의 글씨 쓰난 기계를 발명하랴고 (…) 1907년 기계 한 개를 만드럿난데 (…) 실용화되지 못하얏고, 다시 1910년에 언문글자 쓰는 대로 되게 또 한 개를 만들엇스나 (…) 편리치 못하야 개량하랴고 듕

---

10 따라서 황진남이 1922년《동아일보》에 5년 전 스위스 취리히에서 아인슈타인의 사촌 여동생을 만났다고 주장한 이야기는 신빙성이 떨어진다.

지하얏더니, 지나간 겨울에 서재필씨의 일깨여주는 바를 닙어 여러 글씨 쓰난 기계 회사들과 교섭을 하야 (…)

행복하게 지내던 서재필에게 충격을 준 사건 역시 3·1운동이었다. 그는 갑신정변과 독립협회의 실패 모두 한국 민중이 덜 깨쳤기 때문이라고 생각했다. 하지만 3·1운동에서 한국인들이 보여준 의지에 감동했다. 서재필은 이 순간을 이렇게 회고했다.

30년 전에 내가 인천항을 떠날 때에 한인들이 내 뒤를 받드려주지 않는 것을 보니까 한인들이 다 죽은 백성으로 알았었습니다. 그러나 1919년 일어나는 것을 보니까 한인이 죽지 않고 산 백성으로 꼭 믿었습니다. 언제든지 그런 백성이 자유 독립하고야 말 줄로 참말 믿었습니다. 그래서 내가 다시 연설도 하며 선전 사업에 활동하기를 시작하였습니다.

그는 자신의 민중 계몽 활동이 드디어 결실을 보았다고 믿었다. 서재필은 미국에 흩어진 한인들을 모으기로 결심한다. 장소는 필라델피아로 정했다. 미국이 독립을 선언한 곳이었다. 1919년 4월 1,000여 명의 미주 한국인이 필라델피아에 모여서 3·1운동 지지 집회를 한다. 당시 한국인들은 이 모임에 참석하기 위해서 철도역에서 막일하며 번 돈으로 그다음 역까지 가고, 다시 일하여 그다음 역까지 가면서 필라델피아에 모였다.

서재필은 사재를 털어 필라델피아에 교포들을 모아 독립 행사를 열고, 다시 한국 문제에 앞장선다. 서재필의 미국인 부인은 일제의 압박과 학정에서 벗어나게 해달라는 기도문을 만들어 배포하기도 했다. 특히 둘째 딸 뮤리엘은 서재필의 비서 역할을 하며 적극 도왔다. 하지만 이렇게 다시 독립운동에 헌신한 결과, 한때 부유한 사업가였던 그는 결국 60세가 되던 1924년에 파산한다. 이런 와중에 서재필은 62세에 다시 의대에서 연구를 시작했다. 심지어 64세 때는 집을 저당 잡혀가며 의대 대학원에 진학한다. 조선에 전염병이 자주 일어남을 걱정한 그는 세균학, 면역학, 병리학 등을 연구하며 학술지에 몇 편의 논문도 출판했다.

1925년, 미국에서 서재필과 동업하던 유일한 박사가 귀국한다. 그를 배웅하는 자리에서 미술을 전공한 뮤리엘은 유일한의 성 '버들 유(柳)'를 상징하는 버드나무를 조각해 선물했다. 유일한 박사는 이 조각에 새겨진 모양을 상표로 한국에서 의약업을 시작했다. 이 회사가 유한양행이다.

한편, 3·1운동의 폭풍이 지난 1919년 여름, 파리의 프랑스 정보 당국은 하노이에 긴급 전보를 보내 한 젊은 남자의 신원 확인을 요청한다. 이 젊은이는 '응우옌 아이 쿠옥(Nguyễn Ái Quốc)'이라는 가명을 사용했다. '응우옌(Nguyễn)'은 베트남에서 가장 흔한 성으로 한자로는 '완(阮)'이고, '아이 쿠옥(Ái Quốc)'은 한자 '애국(愛國)'을 베트남어로 표시한 것이다. 이때까지 한 번도 알려지지 않은 운동가였던 그는 난데없이 파리강화회의장에 들어가 베트남의 독립을 요구했다. 비록 복도에서 쫓겨나긴 했지만 많은 외신의 집중 조명을 받으며 이후 베트남 독립 운동의 아이콘이 되었다.

당황한 프랑스 정보 당국은 이 사람의 배후를 캐기 시작했는데, 밝혀진 내용은 이렇다. 1911년 베트남을 떠나 미국에서 생활한 그는 미국에서 한국인 독립운동가들과 접촉하면서 영향을 받게 된다. 프랑스 정보 당국이 기록한 단체의 이름은 'Korean National Association'. 하와이 사탕수수밭 이민자들을 시작으로 안창호, 이승만 등이 결성한, 하와이를 비롯한 미주 이민자들이 꼬박꼬박 기금을 모으던 바로 그 '대한인국민회'다. 대한인국민회는 1918년 윌슨(Thomas Woodrow Wilson)의 민족자결주의에 고무되어 파리강화회의에 대표단을 파견하기로 했는데, 이 젊은이는 그 아이디어를 듣고 따라서 파리로 온 것이다. 하지만 정작 대한인국민회는 미국 정부로부터 여권을 받지 못해 미국 시민권을 가진 서재필을 파리강화회의에 파견했다.

1918년 상하이 망명 중이던 여운형 역시 윌슨의 민족자결주의를 접하고 독자적으로 움직이기 시작하여, 김규식을 대표단으로 파리강화회의에 파견했다. 이와 동시에 여운형은 전국적인 봉기를 조직해 세계에 한국인의 독립 의지를 알리고자 했는데, 이것이 3·1운동의 시작이다. 파견된 김규식은 강화회의에 참석하기 위해 파리에서 백방으로 뛰던 도중 프랑스 측으로부터 '정부의 대표자 자격'이어야 한다는 답변을 듣고, 긴급히 여운형 측에 알려 대한민국임시정부가 조직되기 시작했다. 이렇게 하여 대한민국임시정부가 파리강화회의에서 독립을 청원했다.

1919년 응우옌은 파리에 미리 도착해 활동 중인 한국 대표단의 도움을 받기 시작한다. 프랑스 당국은 응우옌이 한국 대표단과 매우 가깝게 지낸다며 심지어 응우옌과 한국인들의 대화 내용도 기록해두었다. 응우옌은 한국 대표단의 도움으로 세계 각국 언론과 인터뷰도 진행할 수 있었다. 당시 신문들은 이 한국 대표단이 '대한민국임시정부(Provisional Government of Republic of Korea)'에서 파견되었다고 기록한다. 나중에 응우옌이라는 이 베트남 젊은이는 이름을 '호치민(Ho Chi Minh)'으로 바꾸었고, 마침내 베트남을 독립시켰다.

3·1운동으로 탄생한 '대한민국'이라는 호칭이 이렇게 국제무대에 처음 등장하고 베트남 독립에까지 영향을 주었다는

사실은, 100년 전 우리 선조들이 그렇게 무기력하지 않았다는 것을, 그리고 대한민국임시정부가 얼마나 국제적이었는지를 잘 보여준다.

2018년, 호치민의 파리강화회의 활동에 대한민국임시정부가 밀접하게 연관되어 있었음을 보여주는 프랑스 자료들이 발견되었다. '호치민은 한국인들이 하는 모든 일을 자신의 근거로 삼는다. 그는 (일제에) 저항하는 한국인의 계획을 거의 똑같이 따르고 있다'고 당시 프랑스 경찰은 기록했다.

해방될 때까지 독립운동 자금의 상당 부분을 차지한 것은 하와이 노동자들이 일당을 아껴서 모은 돈이었다. 그 총액은 1945년까지 300만 달러에 가까운 것으로 추산된다. 1954년, 이들은 미국의 MIT에 못지않은 공과대학을 설립해달라고 대한민국에 15만 달러를 기부했다. 1954년 대한민국의 1인당 국민총소득(GNI)은 70달러에 지나지 않았다. 이렇게 설립된 학교는 그들이 떠난 인천과 정착한 하와이의 첫 글자를 따서 '인하'대학교라고 이름 지어졌다.

안창호와 황진남

1919년 안창호와 황진남(위). 그리고 같은 해 가을 상하이로 통합된 직후의 대한민국임시정부 임시의정원(아래). 앞줄 중앙에 안창호, 그 오른쪽에 손정도 목사, 앞줄 왼쪽 끝에서 두 번째가 신익희, 두 번째 줄 오른쪽 끝에 김구, 다섯째 줄 왼쪽 끝 콧수염을 기른 이가 여운형, 그 오른쪽 반대편 위치에 20대 초반의 황진남이 있다. 3·1운동 후, 상하이와 서울 등 여러 곳에 다양한 형태의 정부가 세워졌다. 서재필의 필라델피아 한인 대회에 참석했던 안창호는 이를 수습하고자 미국을 떠나 상하이로 향한다. 안창호는 황진남을 수행원으로 데려갔다. 안창호의 노력으로 대한민국임시정부는 상하이로 통일되기 시작하고, 아래 사진의 여섯 번째 임시의정원은 통합 후 첫 모임이었다.

대한민국은 민주공화국이다.

1919년 3·1운동으로 대한민국임시정부가 탄생하며 독립운동가들이 선택한 이 명제는 아마 우리 역사에서 가장 극적인 부분일 것이다. 3·1운동의 배경 중 하나가 고종 황제 사망임을 생각하면 더욱 그렇다. 이후 '민주공화국'이라는 국가 정체성은 지난 100년간 단 한 번도 의심되거나 부인된 적이 없고, 여러 번의 개헌과 군사 쿠데타도 이 명제는 바꾸지 못했다. 1789년 프랑스혁명 이후 1870년까지 80년 동안 프랑스가 공화국이었던 기간이 단 16년이었다는 것을 생각하면, 얼마나 대단한지 알 수 있다.

아편전쟁으로 조그만 어촌이던 상하이가 급부상했다. 서구 열강들이 점령한 상하이는 역설적으로 아시아에서 가장 안전한 지역이 되었다. 자본이 몰려들자, 이곳은 20세기 초 런던과 뉴욕에 필적할 만한 세계 금융의 중심지로 성장했다.[11] 신해혁명을 이끈 쑨원(孫文)이 1918년부터 이곳에 거주하며 북벌을 도모한 것도 이 공간의 자유로움과 안전 덕분이었고, 1920년

---

11 아편전쟁의 결과로 홍콩을 차지하고 상하이를 개항시킨 영국은 홍콩과 상하이를 거점 삼아 은행을 만든다. 이것이 'Hongkong and Shanghai Banking Corporation', 줄여서 HSBC라고 부른다. 현재 세계 4위의 은행이다.

◎ **1920년 제2차 코민테른 대회 장면(위)과 박진순(아래).**

레닌이 연설하는 동안 누군가 태극기를 흔들고 있다. 2006년 MBC는 레닌 앞에서 태극기를 흔든 인물을 찾아냈다. 아래 사진에서 레닌 옆에 앉아 카메라를 응시하는 이, 그의 이름은 박진순이다. 모두가 붉은 깃발을 흔들 때 유독 그는 태극기를 들었다. 1914년 제1차 세계 대전에서 러시아와 일본은 같은 연합국으로 동맹 관계였다. 하지만 1917년의 러시아혁명으로 레닌이 제1차 세계 대전에서 발을 빼자, 일본을 포함한 연합국들은 배신자 볼셰비키 정부를 공격하기 시작한다. 곧 러시아는 백군과 적군으로 나뉘어 내전이 발생하고, 백군은 연합국들의 지원을 받았다. 따라서 연해주의 적군은 백군과 일본군을 동시에 상대해야 했다. 당연히 연해주 지역의 한인들은 적군을 돕게 되고 이곳에서 한인 사회주의 세력이 출현한다. 1917년 레닌은 《제국주의론》에서 한국과 일본의 문제를 언급했다. 이 무렵 한국 독립운동가들이 레닌에게 도움을 청한 이유는 여기에 있다.

마오쩌둥(毛澤東)이 여기에 살며 공산주의 사상에 심취하게 된 것도, 1921년 중국공산당 제1차 대회가 열린 것도, 혁명문학가 루쉰(魯迅)이 이곳으로 거점을 옮긴 것도 다 이 때문이었다.

1919년 대한민국임시정부가 상하이를 중심으로 탄생한 것 역시 이러한 배경에서 가능했다. 대한민국임시정부 청사 유적지로부터 가까운 거리에는 중국공산당의 창당 기념지가 있다. 또한 중국국민당을 세운 쑨원의 거처도 근처다. 코민테른과 합작을 추진한 쑨원은 대한민국임시정부를 처음으로 승인하고 정식 외교 관계를 맺은 최초의 외국 수반이다. 그리고 이 근처에는 당시 상하이에 거주하며 중국공산당의 첫 회합에 참석한 마오쩌둥의 집도 있다. 이뿐이 아니다. 이 거리에는 쑨원의 부인 쑹칭링(宋慶齡)[12]이 말년을 보낸 집, 동시대에 이 거리에 있었던 마오쩌둥의 혁명 동지 저우언라이(周恩來)의 집도 있다. 이처럼 같은 시기 같은 공간에 살던 그들은 아마도 일상을 보내던 중 식당이나 공원에서 스쳤을 것이다. 대한민국임시정부가 활동하던 1920년대의 상하이는 이처럼 이념이 혼재된 공간이었다.

---

12 쑨원의 혁명 세력에 중요한 재정 담당자였던 쑹자수(宋嘉樹)의 딸이다. 쑹칭링의 언니 쑹아이링(宋藹齡)은 대부호 쿵샹시(孔祥熙)와 결혼했고, 그녀의 동생 쑹메이링(宋美齡)은 쑨원 사후 국민당을 장악한 장제스(蔣介石)와 결혼했다. 나중에 국공합작이 깨지자, 쑹칭링은 가족과 결별하고 공산당을 지지한다.

1919년 3월 레닌은 코민테른을 조직하면서 민족 해방과 사회주의 혁명을 연계하는 정책을 발표하게 된다. 코민테른 (Comintern)은 공산주의인터내셔널(Communist International)의 약자다. 한인사회당을 만든 이동휘는 박진순 등 3인을 코민테른에 파견하는 동시에, 심복 김립을 데리고 대한민국임시정부에 합류하여 국무총리를 맡게 된다. 대통령은 이승만이었다. 박진순 일행은 내전 중인 시베리아를 120여 일에 걸쳐 목숨 걸고 통과하여 모스크바에 도착해, 코민테른에 가입한 후 레닌에게 선전비 명목으로 자금 지원을 받았다. 이러한 한인사회당의 활동은 중국공산당이나 일본공산당보다 앞선 것이었고, 후에 중국공산당과 일본공산당의 창립 과정을 한인사회당이 지원했다.

이동휘의 한인사회당은 사실 안창호의 신민회로부터 출발하는 민족주의자들의 모임이었다. 이와는 별도로 사회주의 원리에 충실한 사회주의자 세력이 있었는데 이들을 이르쿠츠크파라고 부르고, 구분을 위해 이동휘 계열을 상해파라고 부른다. 1920년 봄, 박진순이 레닌에게서 받은 지원금을 상하이로 운반하던 도중, 이 자금이 사회주의혁명 자금이라고 주장하는 이르쿠츠크파에 압류당하는 사태가 벌어진다. 이후 두 파의 대립이 시작되었다.

1919년 파리강화회의에서 제국주의의 실체가 드러나자 외교론이나 애국계몽론의 입지가 약해지기 시작했다. 1920년부터는 이동휘의 무장투쟁론이 설득력을 얻으며, 한인사회당이 임시정부의 다수파가 된다. 임시정부는 만주에 흩어져 있던 독립군 세력을 재편하여 동로, 북로, 서로의 3대 군관구를 설정했다. 그해 6월 홍범도는 봉오동전투에서 일본군에 대승을 거둔다. 이동휘는 한형권을 모스크바에 추가 파견하여 이미 활동 중인 박진순에게 합류시키고, 두 사람은 레닌으로부터 200만 루블의 지원 약속을 받았다. 당시 러시아혁명의 여파로 신용이 없던 신생 소비에트의 지폐가 아니라 환전이 가능한 제정러시아의 금화를 받기로 했다. 7월, 박진순은 제2차 코민테른의 집행위원으로 선출되어 거물이 되는데, 레닌 앞에서 태극기를 흔들던 한인들은 바로 박진순과 한형권이다.

　1920년 9월, 박진순과 한형권은 금화 200만 루블을 가지고 내전 중인 시베리아를 통과할 자신이 없어 1차로 금화 40만 루블만 운반을 시작한다. 이 양만 해도 328킬로그램이었다.[13] 같은 해 10월, 다시 김좌진과 홍범도의 독립군은 청산리에서 대승을 거두며 무장투쟁의 성과는 계속되었다. 12월, 이동휘의 심복 김립은 박진순 일행을 마중하여 금괴 운반을 마무리 짓

---

13 오늘날 금 1그램에 8만 원 정도이니, 328킬로그램은 262억 원의 가치에 해당하고, 레닌이 약속한 금화 200만 루블은 무려 1,312억 원에 달하는 엄청난 금액이다.

고, 한형권은 추가로 금화 20만 루블을 가지러 모스크바로 떠난다. 하지만 이 자금을 지원받지 못한 이르쿠츠크파가 임시정부의 민족주의자 계열(김구 등)에 이 돈의 존재를 폭로한다. 이를 임시정부의 공금으로 생각한 민족주의자들의 비판으로 임시정부는 극심한 분열상을 띠었다. 1921년 1월, 이동휘는 국무총리를 사임하고 상해파는 임시정부를 탈퇴하게 된다.

이 무렵, 하와이 교포 출신 20대 초반의 황진남은 대한민국 임시정부에서 외무부 참사로 일하고 있었다. 1920년 8월 미국 의원단이 베이징을 방문했을 때 안창호를 모시고 여운형과 함께 면담을 주선하기도 했다. 임시정부에서 황진남의 상관은 외무 차장을 맡았던 현순 목사였다.[14] 1921년 5월 황진남은 현순 목사와 미국으로 건너가 교포들의 독립사상을 고취하는 모임을 진행하려고 했다. 하지만 이미 임시정부의 분열은 극에 달했고, 그는 미국에 가려고 유럽을 경유하던 중 독일에 남아 베를린대학에서 중단된 학업을 이어가기로 한다.

한편, 1920년 독립군의 맹활약에 일본군이 대대적인 반격

---

14 윤치호의 일기에도 등장하는 현순은 하와이 이민 사회를 이끌던 지도자였다. 현순은 사회주의 운동가 박헌영, 김단야(본명 김태연)와 친분이 있었고, 현앨리스의 부친이다. 조선일보 기자였던 김단야는 1925년 '레닌 회견 인상기'를 연재하며 김규식, 현순 등의 근황을 전했다. 김단야는 나중에 박헌영의 부인이었던 주세죽과 재혼했다가 1938년 스탈린에 의해 숙청되었다. 김단야는 2005년 대한민국 건국훈장 독립장을, 주세죽은 2007년 대한민국 건국훈장 애족장을 추서받았다.

을 하며, 만주 한인 민간인 마을에 대한 초토화 작전으로 수많은 사람이 희생되었다.[15] 이에 세력이 위축된 여러 독립군 조직은 1921년 초 연해주 스보보드니(Свободный, 자유시)에 집결하여(4,500명) 단일한 독립군 조직인 대한독립군단을 창설했다. 이동 도중, 김좌진은 이상한 느낌에 중간에 되돌아간다. 사실 이 집결은 상해파와 이르쿠츠크파 대립의 산물이었고, 상해파의 지도를 받는 다수의 독립군 조직을 이르쿠츠크파가 연해주 볼셰비키의 도움으로 접수하려는 것이었다. 연해주 볼셰비키는 내전이 마무리 단계에 들어서자 독립군을 빌미로 연해주에 일본군이 진출할지 모른다고 우려하고 있었다.

이 와중에도 두 파의 분열은 심화하여 1921년 5월, 이르쿠츠크파와 상해파는 각각의 고려공산당을 창당한다. 마침내 이르쿠츠크파는 자유시에 집결한 대한독립군단의 접수를 시도했다. 1921년 6월 28일 볼셰비키와 진압군은 무장해제를 거부하는 대한독립군단을 무력으로 제압하는데, 이것이 '자유시 참변'이다. 대한독립군단 수십 명이 사망하고 나머지는 전원 포로가 되었다. 이와 달리 공격군의 피해는 적었는데, 그 이유는 대한독립군단이 거의 응사하지 않았기 때문이라고 한다. 대한독립군단 총재 서일은 자결했고, 이로써 독립군은 사

---

15 이를 간도참변이라고 한다.

실상 전투력을 거의 잃게 된다.

1921년 6월 자유시 참변에 분노한 이동휘와 박진순은 언어 천재 이극로를 데리고 내전 중인 시베리아를 피해 인도양, 수에즈운하, 지중해, 알프스산맥을 넘어 3개월에 걸친 여정 끝에 모스크바에서 레닌을 만난다. 할 말이 없게 된 레닌은 11월 코민테른 한국 위원회를 만들어 사건의 진상을 조사하고, 코민테른에서 상해파의 권위가 회복되었지만, 두 파의 계속되는 대립을 중재하던 레닌은 결국 상해파와 이르쿠츠크파 모두에 해산을 명령하고 남은 금화 140만 루블의 지원을 중지한다. 역사는 이를 '고려공산당 자금 사건'이라고 부른다.

당시 김구는 좌파 지도자들이 횡령했다고 의심하고, 1922년 이동휘의 심복 김립을 상하이 대로변에서 사살했다. 이 사건으로 임시정부 지도 체제가 무너지며, 조국을 되찾기도 전에 '대한민국'은 이미 좌우 분열이 시작되었다. 이 과정을 옆에서 지켜보며 방치된 동료들의 시신을 수습해야 했던 초기 사회주의자 김철수는 이렇게 회상했다.

"그때 내가 그냥 자살할 생각이여. '아무래도 희망이 없는 나라다. 민족이다' 허고 그냥 자살헐 생각이 일어났어. 내가 총 가지고 댕기는데 사람 쏘아 죽이고 내가 마지막으로 죽어버려. 그런 생각에… 극단으로 비관을 했어. 극도로 비관을 했

◈ **1921년 11월 4일 상하이 일본 총영사가 본국 외무대신에게 보낸 비밀 보고.**
'불령선인(不逞鮮人)', 즉 대한민국임시정부 인사들이 '단군 탄생일'이라며 '개천절'
이라는 경축 행사를 했는데, 무려 500명이 모였다는 내용이다. 개천절은 대한민국
임시정부의 중요한 경축일 중 하나였다. 그리고 상하이 일본 총영사가 본국에 보
고할 만큼 개천절은 가장 강력한 독립운동 모티프이기도 했다. 왼쪽 사진의 개천
절 내용에 이어 오른쪽 사진을 보면 일본 총영사는 개천절 경축 행사 순서에 대해
서도 자세히 보고했다. 눈에 띄는 부분은 〈애국가〉 제창인데, 심지어 '동해물과 백
두산' 가사까지 적어두었고, '대한 독립 만세 삼창'을 했다고 기록했다.

어, 아이! 그래서 항주 가서 그때 있는데 두견이를 들으면 더 슬퍼서 그랬네, 그때."

김철수는 김구에 복수하려는 세력을 끝까지 말렸고, 안창호와 함께 대한민국임시정부를 지키기 위해 노력한다. 그리고 고려공산당 자금 사건 이후 새로운 좌파 지도자로 등장한 박헌영 등의 스탈린주의자들과 대립했다. 1990년대 러시아 기밀 해제 문서에 따르면 당시 김구가 지목한 인물들의 공금 횡령은 없었다. 하지만 이 사건으로 대한민국임시정부는 국제적 신뢰에 심각한 타격을 입었다. 고려공산당은 레닌에게 받은 돈 일부를 1921년 중국공산당 창당에 지원했다. 당시 김철수는 대한민국임시정부 근처에 살던 마오쩌둥과 친구로 지냈다. 러시아에 남은 박진순은 1938년 스탈린에 의해 총살되었고, 2006년 대한민국 건국훈장 애국장이 추서되었다. 한편, 김철수는 상하이로 가기 전 도쿄 유학 시절에 우연히 우범선의 아들 우장춘을 만난 적이 있다. 두 사람의 인연은 이렇게 시작되었다.

이처럼 우리 민족 독립운동 세력 안에서는 이미 이념 분열이 시작되었지만, 전력(電力) 문제만큼은 통일 모색이 활발했다. 1921년 7월 20일 《조선일보》는 '평양 전기 통일 운동'이라는 기사에서 원활한 전기 공급을 위해 전력 통일을 모색하고 있다고 보도한다. 이 문제는 일본에서 시작되었다. 일본은 19세기 말부터 서부는 60헤르츠를, 동부는 50헤르츠를 사용하고 있었다. 그 영향으로 조선에 진출한 일본 전력 회사들 일부는 60헤르츠, 일부는 50헤르츠를 따로따로 공급했던 것이다. 이에 대해 평양에서 최초로 문제 제기가 시작되었고, 1922년 1월 23일부터 《동아일보》는 '평양 전기 문제'라는 6편의 시리즈를 연재한다. 1월 26일 네 번째 기사에 이러한 주파수 차이가 전력 공급망을 복잡하게 하고 전기 요금도 상승하는 요인이 됨을 드러냈다. 이러한 지적에 그해 8월 평양은 60헤르츠로 통일되었다.

같은 시기, 조선총독부는 대대적인 지형 조사를 통해 대형 수력발전소가 가능하다는 것을 확인한다. 이후 1926년 4월 부전강 수력발전소 착공을 시작으로 무려 160만 킬로와트에 달하는 발전량을 확보하며 조선의 공업화가 급속히 진행되었다. 1928년 2월 9일 《조선일보》는 다시 '전력 통일 문제'를 거론하며, 이렇게 풍부한 전력을 자유로이 공급하기 위해서 조선 전역에 주파수가 통일되어야 한다고 촉구했다. 이후 많은 노력으로 일본과 달리 조선은 60헤르츠로 통일되어 오늘에 이르렀다. 이와 달리 일본은 오늘날에도 서부, 동부가 각각 60헤르츠, 50헤르츠를 사용한다. 지난 2011년 일본 동부의 후쿠시마 원자력발전소 사고가 벌어졌지만 이러한 문제로 서부에서 송전해줄 수 없어서 동부가 극심한 전력 부족 사태를 겪기도 했다.

한편, 이동휘와 동행을 마친 이극로는 황진남과 마찬가지로 독일에 남아 1922년부터 베를린대학(Universität zu Berlin)[16]에서 경제학을 전공한다. 언어학을 부전공했던 그는 이 대학에 한국어 강좌를 만들어 스스로 강의했다. 2019년, 국가기록원은 2007년 국학인물연구소 조준희 소장이 발굴한 이극로의 한국어 강좌 개설과 관련된 문서들을 공개했다. 이 문서에서 조선어는 독일어로 'Koreanische Sprache(한국어라는 뜻)'라고 표기되어 있다. 학생 신분이던 그는 한발 더 나아가 한국어 강좌의 정식 강사로 보수를 받기 위해 당국을 설득했는데, 그 문서도 발견되었다. 여기서 이극로는 베를린대학이 왜 '한국어'를 가르쳐야 하는지 논리적으로 설명한다. 내용은 이렇다.

한국어는 현재 동아시아에서 세 번째로 중요한 언어입니다. 한국, 만주 및 동시베리아에 사는 2,000만 명이 한국어를 사용하고 있습니다. 특히 한글은 매우 독특합니다. 한국어는 실용적 측면 외에 언어학적으로 매우 큰 의미를 지니고 있습

---

16 독일을 대표하는 이 대학은 제2차 세계 대전 후 훔볼트대학(Humboldt-Universität zu Berlin)으로 개명해 오늘에 이르렀다.

니다. 독일에는 한국어를 아는 이가 거의 없습니다.

한국 문화와 한국어를 독일에 전하기 위해 아시다시피 저는 3학기 동안 무보수로 한국어 강의를 제공하였습니다. 3학기 동안 12명이 수강했습니다.

모든 동아시아 언어에 대한 관심이 다시 증가하고 있으므로 한국어를 강의하는 것은 동양어 세미나에서 큰 의미일 것입니다. 따라서 제가 향후 수업에 대한 적절한 보상을 받을 수 있도록 장관님께 청원해주실 것을 부탁드립니다.

이처럼 갈등과 분열의 상태에서도 식민지 조선의 지식인들은 절망에만 머무르지 않았고, 현실을 극복하기 위해 잠시도 멈추지 않았다.

조선에 등장한 상대성이론

回生하랴는猶太族이
聖地에大學을設立
「감람산」성디에터를잡고서
방금미국에서긔부금을모집

예수가 탄생한 성디(聖地) 「행
렬스라인」을 다시유대(猶太)사
람의 손으로회복하려는운동은미
국에서 떠욱현저한즁 이운동의
압잡이로 나서사람이 두명인데
한사람은 서쉬(羅西)에 (國緣)
놀두고 「상대성원리(相對性原
理)」의학셜을 창도하고 독일
박림대학(伯林大學)에
교편을 잡고잇든「아인수타인」
박사(博士)이요 한명은 영국에
국해군실험소~당(海軍實驗所)
장~으로잇든「와이쓰민」박사이
다 두사람은모다 근본유태사
람으로 떠더욱「와이쓰민」박사는

번유태협회(汎猶太協會) 회당
으로 잇든바 금번「예루살넴」의
설립한유태대학(猶太大學)에
자본금을모집하기위하야 「아
수라인博士와합의 미국에근너
왓다특히동며학의거디는「예수
가산상복(山上福音)
감람산(橄欖山)을일천구빅십년
량식(上樑式)을힝하야 상
학교집도 임의완성하얏
스며도서관(圖書舘)에는삼만권
의서적을 작만하얏스나 아즉자
본이 충분치못한것이라동대학
의긔부금을모집한것이라고한
다 근본유태사람이 완성하면
동서양에 유력한대학
이되겟더라
(회 청돈련보)

우리 민족에게 아인슈타인을 알린 최초의 신문 기사, 1921년 5월 19일 자 《동아일보》.

회생하랴는 유태족이 성지에 대학을 설립

예수가 탄생한 성디 '햌레스타인'을 다시 유대 사람의 손으로 회복하려는 운동은 미국에서 더욱 현저한 중 이 운동의 압잡이로 나선 사람이 두 명인대 한 사람은 서서(스위스)에 국적을 두고 '상대성원리'의 학설을 창도하고 독일 백림대학(베를린대학)에 교편을 잡고 잇든 '아인수타인' 박사이요.

당시 아인슈타인이 설립한 '히브리대학'은, 현재까지 노벨상 14명과 유발 하라리를 배출한 세계 최고 수준의 학교다. 참고로, 아인슈타인과 대학 설립에 나섰다고 보도된 '와이쓰먼'은 '차임 바이츠만(Chaim Weizmann)'을 말한다. 러시아 출신 유대인으로 영국 맨체스터대학 교수였던 그는 제1차 세계 대전 중, 화약 제조의 핵심 재료인 아세톤 제조법으로 영국의 승리에 결정적 공헌을 한다. 그는 이 성과를 이용해 영국이 팔레스타인에 유대인 국가 건설을 지지하는 '밸푸어선언'을 끌어낸다. 1948년 이스라엘이 건국되자, 바이츠만은 초대 대통령이 되었다. 한편, 우리나라 지면에 최초로 아인슈타인에 대한 이야기

가 실린 것은 경성공업전문학교 졸업생들 주축인 '공우구락부'
가 발간한 잡지《공우》의 1920년 10월 창간호다. 사진의《동아
일보》기사가 실리기 불과 몇 달 전의 일이다. 이처럼 당시 아인
슈타인에 관한 지식인들의 관심은 대단했다.

일제강점기, 우리 선조들은 나라 잃고 떠도는 유대인에게 동질감을 느끼고 있었다. 그런데 유대인은 이스라엘이라는 '국가'보다 '대학'을 먼저 설립한 것이다. 대체 아인슈타인이라는 과학자가 어떤 인물이길래, '상대성이론'이 얼마나 대단하길래 나라도 없는 터에 대학을 세우는지 궁금해했다. 그 이후 갑자기 아인슈타인에 조선 사회의 관심이 쏠리기 시작한다.

식민지가 된 조선에서 비로소 모두가 새로운 학문에 대한 교육, 즉 과학을 외쳤고, 해결책은 오로지 과학이었다. 나라를 빼앗긴 이유가 서구의 과학기술에 무지했던 때문이라는 데에는 이론의 여지가 없었다. 이토록 무섭게 몰아치던 과학 열기에 대해 이광수는 소설 〈무정〉에서 이렇게 묘사한다.

'과학! 과학!' 하고 형식은 려관에 돌아와 안져서 혼자 부르지졌다. 세 처녀는 형식을 본다. '조선 사람에게 무엇보다 먼저 과학을 쥬어야겟서요. 지식을 주어야겟서요' 하고 쥬먹을 불끈 쥐며 자리에서 일어나 방안으로 그닌다.

_1917년 6월 9일 자 《매일신보》 연재소설 〈무정〉 123회

하지만 정작 그들이 외치는 '과학'은 추상적이고 모호했다. 이를 냉정하게 바라보던 이광수는 이렇게 일갈한다.

◎ **1922년 1월 1일 자 《동아일보》.**

이 기사에서 새해에 주목할 인물로 러시아의 트로츠키, 중국의 쑨원, 인도의 간디와 함께 아인슈타인을 지명한다. 기사의 소개 글은 "늬우톤의 인력설을 파하야 과학계에 혁명이 기하랴 한다. 사진은 상대성원리 주창자 아윤스타인씨"라고 쓰였다. 해가 바뀌며 아인슈타인에 관한 관심은 더욱 증폭되고 있었다.

"나는 교육가가 될납니다. 그러고 전문으로는 생물학을 연구할납니다." 그러나 듯는 사람 즁에는 생물학의 뜻을 아는 자가 업섯다. 이러케 말하는 형식도 무론 생물학이란 참뜻은 알지 못하얏다. 다만 자연과학을 즁히 녁이는 사상과 생물학이 가장 자긔의 성미에 마즐 뜻하야 그러케 작뎡한 것이라. 생물학이 무엇인지도 모르면서 새 문명을 건설하겠다고 자담하는 그네의 신세도 불상하고 그네를 밋는 시대도 불상하다.

_1917년 6월 13일 자 《매일신보》 연재소설 〈무정〉 125회

이광수가 이렇게 말한 것은 푸념이 아니라 호소였다. 과학은 말만이 아닌, 이념이 아니라 생생한 현실이기에, 과학을 하려면 제대로 해야 한다는 것이다. 과학이 조선의 살길이라는 것은 명백했고, 조선의 지식인들 사이에 '과학을 배우자'라는 구호로 이어졌다. 이러한 요구는 3·1운동을 거치며 더욱 절실해졌으며 1920년 한규설, 이상재 등의 주도로 설립된 '조선교육협회'로부터 본격화된다. 이들은 일반 대중의 교양 수준을 올리기 위해 교육 기회를 더 보장해야 하고, 이를 위해서는 교육기관의 확대가 필수적임을 알고 있었다. 이처럼 교육을 통한 민족 회복에 온갖 노력을 기울이던 무렵, 나라 잃은 유대인 과학자가 이끈 대학 설립 소식은 사람들의 관심을 끌 만했다. 특히 '상대성이론'이 단순한 지식이나 과학에 머무른 게 아니

◎ **나혜석의 그림 〈별장〉(뮤지엄 산 소장).**

서촌에 자리 잡았던 나혜석은 이곳에 군림하던 친일파 윤덕영의 '벽수산장'을 그렸다. 경복궁 서쪽 주택 밀집 지역은 흥미로운 곳이다. 시인 이상이 살았고, 우리나라 대표 화가 이상범의 가옥이 근처에 있으며, 박노수 화백의 집과 노천명, 천경자, 이중섭의 집터도 모두 같은 동네에 몰려 있다. 이처럼 20세기 초 모더니즘을 이끈 문화 예술인들이 여기에 모여 살았다. 한편으로 이 공간은 정치적인 곳이기도 했다. 대표적인 친일파 윤덕영이 프랑스 스타일로 세운 대저택 '벽수산장'이 있었고, 이완용의 집이 있었으며, 임시정부를 이끈 해공 신익희의 집도 있다. 또 여기는 좌우 분열의 공간이기도 했다. 1923년 한위건과 함께 '상대성이론' 전국 순회강연단을 이끈 이여성의 집, 대한민국임시정부에서 황진남과 활동하던 현순 목사의 딸 현앨리스의 집도 이곳에 있었다. 당시 이혼 문제를 통해 성리학적 세계관에 도전하던 나혜석이 서촌에서 벽수산장을 바라보며 남긴 이 그림은 복잡하게 얽혀 있는 우리 현대사의 시공간을 그대로 드러낸다.

라 세상을 움직일 정도로 영향력을 가졌다는 것은 놀라운 일이었다.

이어지는 1922년 2월 23일 《동아일보》 기사에서 드디어 상대성이론의 본격적인 소개가 시작된다. 저자는 '公民(공민)'으로 기록되어 있다. '공민'이라는 필명은 화가 나혜석의 오빠 나경석을 말한다. 도쿄공업대학 출신인 나경석은 자신이 알고 있던 지식을 총동원하여 상대성이론에 대해 무려 7편에 걸친 시리즈로 상세히 설명한다. 참고로 도쿄공업대학은 나중에 노벨상을 두 명 배출하는 명문 대학이다.

우선, 나경석은 아인슈타인이 유대인이라는 점부터 강조한다. 세계를 뒤바꾼 유대인 '괴물'로 당시 지식인들에게 잘 알려져 있던 로스차일드, 레닌, 마르크스를 차례로 언급하며 아인슈타인의 상대성이론 역시 못지않은 파괴력을 가진다고 설명했다. 과학이 경제체제의 대변혁이나 정치혁명과도 같은 힘을 가진다고 본 것이다. 계속되는 상대성이론에 대한 해설은, 비록 부분적으로 잘못된 서술이 있긴 하지만, 100년 전 신문 기사라고는 믿기지 않을 정도로 구체적이다. 그는 천문학의 혁명, 에텔(에테르) 부인설, 철학상 의의, 최대 속도, 시간과 공간의 관념 등 총 5부로 나누어 아인슈타인의 이론을 자세히 소개했다.

그는 상대성이론의 핵심인 중력으로 빛이 휘는 현상이 불과 3년 전인 1919년 에딩턴(Arthur Stanley Eddington)의 관측으로 입증된 것을 시작으로, 250년간 이어졌던 에테르 가설이 무너졌다고 선언한다.[17] 이어 시공간의 상대성을 칸트의 철학과 연결하며 빛의 속도 일정 법칙에서 상대속도에 따라 길이와 시간이 변하는 것을 민코프스키[18] 4차원 공간으로 설명했다. 또한 이러한 변화로 유클리드기하학이 리만[19]기하학으로 대체되었다는 서술도 덧붙인다.

나경석은 도쿄 유학을 마치고 귀국해 회사와 제약 사업 등에 종사했으나 실패하고, 유학 친구 신익희와 축구단을 만들어 전국을 돌았다. 윌슨의 민족자결주의가 발표된 후 신익희와 함께 비밀 조직을 만들다 일제 경찰에 검거되어, 징역형을 받기도 했다. 신익희는 3·1운동 후 중국 상하이로 건너가 안

---

17 천체 운동을 과학적으로 설명하려던 최초의 가설은 데카르트가 주장한 '에테르 보텍스(Vortex)' 이론이었고, 뉴턴의 중력이론은 보텍스 이론에 대한 반발이었다. 하지만 뉴턴 역시도 에테르의 존재를 부정하지 않았고, 맥스웰(James Clerk Maxwell)의 전자기 방정식 역시 에테르를 가정해 만들어졌다. 하지만 마이컬슨(Albert Abraham Michelson)의 실험으로 에테르의 존재가 부정되며 상대성이론으로 이어진 것이다. 에딩턴의 실험은 상대성이론을 입증하는 중요한 분기점이었다.

18 독일 수학자 헤르만 민코프스키(Hermann Minkowski, 1864~1909)는 최초로 시간과 공간을 연결해 '시공간'이라는 개념을 만들어 4차원을 다룬 인물이다. 이로써 특수 상대성이론이 수학적으로 더욱 명확해졌다.

19 베른하르트 리만(Bernhard Riemann, 1826~1866)은 독일의 수학자로, 비유클리드 기하학인 리만기하학을 만들었고, 수학적 난제인 리만 가설로 유명하다.

창호의 임시정부에 합류하고 여기서 손정도, 여운형, 황진남과 함께 임시의정원 활동을 했다. 이런 나경석이 세계 물리학계의 최신 이론이던 '상대성이론' 소개에 나선 것은 당시 민족계몽의 중요성을 절감하던 지식인층이 아인슈타인을 어떻게 받아들이고 있는지 잘 보여준다.

조선에 상대성이론이 소개되던 이 무렵, 서울에서는 한바탕 소동이 벌어진다. 1922년 12월 11일, 백발의 노인이 창덕궁 앞에 거적을 깔고 대성통곡했다. 궁에서 놀라 사연을 물으니 노인의 이름은 고영근, 고종 황제의 능참봉이었다. 민씨 가문의 청지기였던 그는 벼락출세로 병마절도사의 위치에 이른 인물이다. 그러나 어느 틈에 개화파로 변신해 독립협회에 적극 가담했다. 문제는 독립협회가 점점 과격해지며, 서구식 입헌주의를 요구하기 시작했다는 점.

윤치호와 힘을 합쳐 의회에 해당하는 '민회'를 주장하던 고영근은 반대파를 제거하려다 발각된다. 체포령이 내려지자 급히 일본으로 피신했다가, 상황을 반전시킬 계기를 만난다. 우범선을 알게 된 것이다. 그리고 계획적으로 접근해 1903년 그를 암살한다. 이 사실이 조선에 알려지자 고종은 일본 정부에 그의 사면을 요청했다. 5년 만에 풀려난 고영근은 조선으로 돌아와 한동안 조용히 살았다. 그런데 고영근의 운명이 다시 바뀌는 것은 고종의 사망이다.

◎ 현재 남양주에 있는 홍릉에 고영근이 세운 고종과 명성 황후 묘비.

'대한'이라는 두 글자가 선명하다. 원래 명성 황후의 묘소는 청량리의 홍릉에 있었다. 홍릉에 자주 들렀던 고종은 편의를 위해 이곳까지 전차 노선을 설치했다. 교토에 이어 동양에서 두 번째 전차였고, 수도로서는 처음이다. 고종은 1887년 동양 최초로 경복궁에 발전소를 지어 전등을 켜기도 했다. 일본보다 2년 앞선 시점이다. 이처럼 저물어가는 왕조에서 고종은 서구 과학기술을 받아들이는 데 상당히 적극적이었다.

1919년 3월 3일은 고종의 장례식날이었다. 3·1운동은 이를 계기로 일어난 사건이다. 이때 고영근은 스스로 고종과 명성 황후가 합장된 묘지의 능참봉(묘지기)이 되었다. 하지만 장례가 끝난 뒤에도 고종의 묘비가 세워지지 못했다. 묘비는 만들어두었으나 일본은 묘비에 새겨진 '대한'을 문제 삼았다. 묘비가 바닥에 누운 채 무려 4년 가까이 방치되자 고영근은 행동에 나선다. 인부들을 몰래 불러 글자를 채운 후, 묘비를 세웠다. 그 사실을 고하러 창덕궁 앞에 엎드린 것이다. 형식적으로는 순종의 허락 없이 했다는 점을 석고대죄했지만, 아무리 나라를 잃었더라도 선황제의 묘비조차 세우지 못하는 현실에 언론은 호의적이었다. 이런 여론에 총독부는 차마 고영근을 처벌하지 못했고, 이미 세워진 묘비도 어쩌지는 못했다. 3·1운동의 트라우마였다. 몇 달 뒤, 고영근은 고종과 명성 황후가 묻힌 곳 옆에서 사망했다.

이 무렵 과학 연구소를 만들자는 움직임이 등장한다. 시작은 1924년 김용관이 조선일보에 발명학회 설립을 제안하면서부터다. 대한제국이 이공계 교육을 위해 설립한 상공학교(1899년)에 뿌리를 둔 경성공업전습소(1907년)가 1915년 경성공업전문학교로 승격되었다.[20] 이 학교 졸업생들은 최초의 과학도라는 자부심이 강했다. 그래서 공우구락부(工友俱樂部)를 만들고, 1920년 10월 20일 《공우(工友)》라는 잡지를 창간해 과학 계몽에 앞장섰다. 이 창간호에 아인슈타인의 상대성이론이 조선에 처음 소개된 것이다. 아인슈타인이 노벨상을 받기 전이다. 김용관은 1918년 경성공업전문학교를 1회로 졸업한 엔지니어였다.

김용관은 무려 8회에 걸친 《조선일보》 기고문에서 발명학회의 목적이 '이화학 연구소'라는 점을 분명히 했다. 고정비가 계속 투입되어야 하는 학교와 달리, 일단 연구소가 설립되면 연구 성과가 사업화되고, 특허 수입 등으로 연구비를 확보할 수 있다고 주장했다. 그리고 이렇게 운영되는 실제 사례를 든다. 1917년 민간 재단으로 출범한 일본의 '이화학연구소(理化學研究所)'였다.[21] 줄여서 '리켄(理研)'이라 불리는 이 연구소는 1911년 시작된 독일의 카이저 빌헬름 연구소(현재 막스 플랑크 연구소)에 영향을 받았다. 특이하게도 리켄은 연구 성과로 기업을 만들었고, 수십 개의 기업을 거느리며 1930년대에는 일

---

20 이 학교는 1922년 경성고등공업학교로 이름이 바뀌었다가 1944년 다시 경성공업전문학교가 되었다. 시인 이상(본명 김해경)이 이 학교 출신이다. 1946년 서울대학교가 출범하면서 서울대학교 공과대학으로 흡수되었다.

21 일본이 서양 물리학을 받아들이는 과정에 후쿠자와 유키치(福澤諭吉)가 중요한 역할을 했다. 일본 개화기 지식인으로 김옥균에도 영향을 준 그는 일본의 조선 침략에 사상적 기반을 제공했고, 현재 일본 1만 엔 지폐 모델이다. 1만 엔 지폐 모델은 2024년부터 시부사와 에이이치(澁沢栄一)로 교체될 예정인데, 일본 자본주의의 원조인 시부사와 에이이치는 대한제국의 경제 침탈에 앞장섰고, 1917년 일본 이화학연구소를 민간 재단으로 출범시킨 핵심 기획자 중 한 사람이다.

본 재계 10위권의 재벌로 성장한다. 이를 '리켄 콘체른'이라고 부른다.[22] 일본 최초의 노벨상 수상자인 유카와 히데키(湯川秀樹)와 두 번째 수상자인 도모나가 신이치로(朝永振一郎)는 모두 리켄이 배출한 물리학자다.

하지만 1924년 설립된 발명학회는 재정 부족으로 유명무실해졌다. 보다 못한 김용관은 항일운동 사건 변호에 앞장서던 이인(李仁) 변호사에게 도움을 청한다.[23] 이인은 윤치호, 여운형 등을 끌어들여 발명학회를 사회 명망가들이 총망라된 단체로 확장해서 대중 과학 운동과 결합한다. 1933년 발명학회가 재정비되고, 같은 해 김용관은 《조선일보》에 5회에 걸쳐 또다시 이화학 연구소 설립을 촉구한다. 산업에 기초한 과학의 육성, 그의 목표는 명확했다. 그리고 1933년 6월, 발명학회는 우리나라 최초의 과학 잡지 《과학조선》을 발간한다. 순식간에 초판이 매진되자, 과학에 대한 폭발적인 수요를 확인한

---

22 리켄은 제2차 세계 대전 후 해체되었다. 나중에 연구소 기능만 살려 재출발했고, 리켄 콘체른의 여러 회사가 독립했는데, 그중 우리에게 잘 알려진 회사는 'RICOH'로, 원래 이름은 'Riken Optical'이었다.

23 당시 변리사로 활약하던 변호사 이인은 허헌, 김병로와 함께 일제강점기 독립운동가 변호에 앞장선 인물이다. 과학데이 행사에도 가장 많은 기부를 한 그는 학생운동 변호를 하다 변호사 자격이 박탈되기도 했으며, 조선어학회 사건으로 옥고를 치르고 해방을 맞았다. 대한민국 정부 수립 후 초대 법무부 장관이었고, 반민특위 활동에는 부정적이었다. 사망할 때 모든 재산을 한글학회에 기부했다.

◎ **1933년 6월 《과학조선》 창간호 표지.**

첫 페이지 '과학 조선의 탄생'부터 도발적이다. 일제강점기임에도 굳이 임진왜란의 거북선, 진주성 전투의 '비거(飛車)'와 비격진천뢰로 시작했다. 그리고 고려 고종 21년(1234년)의 금속활자와 조선 태종의 주자소가 구텐베르크보다 앞선다는 내용과 세종 때의 측우기 이야기로 이어진다. 이 잡지는 오늘날 기술 관료제로 번역되는 '테크노크라시(technocracy)'라는 단어도 영어 그대로 사용했다. 14페이지에는 특허제도 소개도 있다. 특허제도의 기원으로 16세기 네덜란드 수학자 시몬 스테빈(Simon Stevin)의 이야기도 나오고, 1925년 지식재산권에 대한 헤이그협정 비준 현황도 실었다. 발명학회는 특허에 진심이었다. 재미있는 부분은 18페이지 향기의 과학. 향기의 역사에서 시작해 에스테르, 알코올 등 화학 성분에 대한 설명이 이어진다. 향기의 조합을 음악에서 협화음과 비교한 부분을 보면, 뉴턴이《광학》에서 프리즘으로 분해한 빛을 피타고라스 음계와 비교했던 것도 떠오른다. 24페이지에는 질문과 응답 코너가 있다. 태양 빛이 지구에 도달하는 시간부터 시작해, 계절의 변화를 설명하는 대목이 재미있다. 좋은 사진기를 추천해달라는 질문에 '이스트만코닥'으로 답한 것도 볼 만하다. 무엇보다 "한 번 응답한 질문은 다시 응답하지 아니함"이라는 글귀가 인상적이다. 《과학조선》 첫 페이지에 나오는 측우기는 역사상 유일하게 발명 날짜가 알려진 발명품이며, 발명자는 당시 세자였던 문종이다. 이날을 기념하기 위해 1957년부터 5월 19일을 '발명의 날'로 지정했다. '과학의 날'이 제정되기 10년 전의 일이다.

이들은 1934년 과학데이 운동을 시작한다.

　이들이 꿈꾸던 연구소는 훗날 명성 황후 묘소를 옮기면서
비워진 청량리 홍릉 자리에 세워지며 실현되었다. 1965년 박
정희 정부는 홍릉에 대한민국 최초의 과학 연구소를 설립한
다. 1920년대 대학 야구 스타로, 최초의 물리학 박사가 되어
서울대학교 총장과 문교부 장관을 역임한 최규남이 준비 위
원장이었고, 한국인 최초의 화학 박사로 미국 유타대학 교수
로 있던 세계적인 석학 이태규가 자문을 맡았다. 초대 소장 최
형섭의 노력으로 연구소가 본궤도에 이르자 이곳에 과학원
설립이 추가로 추진된다. 1970년 우리 정부의 요청으로 미국
은 고등과학교육기관 설립 자문단을 파견한다. 실리콘밸리의
아버지라 불리는 스탠퍼드대학 프레더릭 터먼(Frederick Terman)
교수가 자문단장을 맡았다. 이렇게 만들어진 '터먼 보고서'에
기초해 탄생한 과학원은 기존의 연구소와 합쳐져 KAIST가 되
어 대전으로 이사했고, 남은 홍릉의 연구소는 KIST가 되었다.

아인슈타인의 일본 방문

일본을 방문한 아인슈타인 부부. 1921년 7월 일본의 사회주의 잡지사 가이조(改造)의 초청으로 일본을 방문한 버트런드 러셀은 다음 초청 인사를 추천해달라는 요청에 주저 없이 아인슈타인과 레닌이라고 답했다. 이에 가이조사의 베를린 지사가 즉시 움직여 1921년 8월 아인슈타인에게 접촉하기 시작하고, 독일과 스위스 유학으로 아인슈타인과 인연을 쌓은 일본 학자들의 초청장이 보내졌다. 이때는 아직 아인슈타인이 노벨상을 받기 전이지만, 일본은 적극적이었다. 머나먼 일본으로의 여행이라 꽤 오랜 기간 협의가 필요했고, 해를 넘겨 1922년 3월 무렵에야 도쿄를 비롯한 일본 주요 도시들의 순회강연 일정이 정해졌다. 아인슈타인이 일본에 간다는 소식을 접한 우리 언론들은 아인슈타인의 방문 일정을 시시각각 보도하고, 민립 대학을 추진하던 세력은 급히 일본으로 사람을 파견한다. 팔레스타인 지역에 히브리대학을 세운 아인슈타인을 조선에 초청하려던 것이다. 비록 성사되지 못했지만, 100년 전 우리 선조들은 나라 잃은 민족 유대인이 어떻게 과학으로 나라를 되찾는지 파고들었고, 그리고 그 중심에 있던 과학 스타 아인슈타인에 주목하고, 또 열광했다.

100년 전, 나라 잃은 민족의 부활 수단으로 인식되며 우리에게 처음 알려진 상대성이론은 1922년 아인슈타인의 일본 방문을 계기로 조선 전체에 아인슈타인 붐으로 이어진다. 아인슈타인이 일본에 간다는 사실은 6월부터 국내 언론에 알려졌다. 이미 그의 일거수일투족이 관심의 대상이었다. 당시 아인슈타인은 노벨상을 받기 전이었다.

11월 10일, 민립 대학 설립을 준비 중이던[24] '조선교육협회'가 파견한 일행이 서울역을 출발해 일본으로 향했다. 그들의 목적은 일본에서 아인슈타인을 만나 조선으로 초청하는 것이었다. 10월 프랑스에서 출발한 아인슈타인은 이 무렵 홍콩을 지나고 있었다. 유럽에서 일본으로 가는 여정은 길고 험했다. 11월 13일, 아인슈타인이 일본으로 가는 배 위에 '노벨상' 수상 소식이 전해졌다. 이로 인해 아인슈타인의 일본 방문이 더욱 떠들썩해졌고, 조선교육협회 일행은 다급해졌다.

아인슈타인의 세세한 일정을 보도하던 《동아일보》는 11월로 예정된 그의 도착에 맞춰 특집 기사를 기획한다. 필자는 아인슈타인이 있던 베를린에서 유학 중이던 황진남. 함흥 출신의 하와이 이주민으로, 캘리포니아에서 안창호와 함께 대한

---

24 며칠 뒤인 11월 23일, 민립 대학을 설립하기 위해 기성준비회가 발족했고, 몇 달 뒤인 1923년 3월 29일 민립 대학 기성회 발기 총회가 열렸다.

相對論의 物理
學的原理 (一)
在伯林 黃鎭南 (寄)

自然科學史上에 우리 地球
를 景界의 中心으로알고 太
陽과 모든 星辰이 그 地球를
周行한다고 싱각한 事實이
잇섯다 그런데 코퍼니쿠쓰以後
로는 太陽이 우리 景界의 中心
이되고 地球와 모든 星辰이 이

◎ 1922년 11월 14일부터 《동아일보》에 4회 연재된 황진남의 '상대론의 물리학적 원리' 첫 번째 기사.

민국임시정부에 합류해서 현순, 여운형, 신익희와 함께 활동했던 그 황진남이다. 임시정부의 분열 때문에 이극로와 마찬가지로 독일 유학을 택했던 그는 상대성이론을 조선에 소개하는 데 앞장선다.

4회에 걸친 그의 상대성이론 소개는 매우 정확했다. 황진남의 설명은 나경석과 거의 동일하다. 첫 번째 기사에서 그는 빛의 파동설과 맥스웰[25]의 전자기이론은 에테르를 가정하지만, 마이컬슨[26]이 에테르의 상대운동 관측에 실패했다는 이야기로 시작한다. 좀 더 자세히 소개해보면 이렇다.

---

25 제임스 클러크 맥스웰(1831~1879)은 전자기 현상을 설명하는 맥스웰 방정식을 유도하고, 빛이 전자기파임을 증명한 영국 물리학자로 아인슈타인이 가장 존경한 인물이다.

자연과학사상에 우리 지구를 성계의 중심으로 알고 태양과 모든 성신이 그 지구를 주행한다고 생각한 사실이 잇섯다. 그런대 코퍼니쿠쓰(코페르니쿠스) 이후로는 태양이 우리 성계의 중심이 되고 지구와 모든 성신이 이 중심을 주행하는 것이라고 밋게 되얏다. (…)

상대론의 원칙은 아인스타인(아인슈타인) 전에도 임의 인정이 되얏섯다. 갈릴레이와 뉴톤은 균일 운동상태가 정지상태와 무이(無異)하다 하얏스니, 즉 불변속도로 운동하는 물체는 그 관찰자의 지위에 상대하야 정지 혹은 운동한다 할 수 잇슴을 지시함이다. (…)

그 후 전기역학과 광학(빛도 전기작용)이 점차로 발달되야 이 상대설에 저촉되는 사실이 발견되얏다. 후이겐쓰(하위헌스)[27]와 프레넬[28] 이후로 빛은 일종의 파동이라 하얏고 맥스웰은 이 파동의 성질을 전자기의 작용이라 하얏다. (…) 광선의 파

---

26 폴란드 태생의 미국 물리학자 앨버트 에이브러햄 마이컬슨(Albert Abraham Michelson, 1852~1931)은 에테르의 존재를 증명하는 실험을 고안했으나 정작 에테르는 없는 것으로 결론 났다. 그는 자신의 실험이 실패한 것으로 생각했지만, 1907년 미국인 최초의 노벨상 수상자가 되었다.

27 네덜란드 과학자 크리스티안 하위헌스(Christiaan Huygens, 1629~1695)는 진자시계의 발명자로 유명하다.

28 오귀스탱 장 프레넬(Augustin Jean Fresnel, 1788~1827)은 프랑스 에콜 폴리테크니크(École Polytechnique)를 졸업한 물리학자다.

동도 일정한 매개 물질을 요한다. 이 이유로 공간은 에레르라 하는 물질로 충만되얏고 추상하얏다. 그런데 에레르는 항상 정지상태에 있는, 즉 매초에 삼십 킬로메터(킬로미터)라는 대속력으로 운행하는 지구는 에레르의 정지상태에 대하야 절대적 운동을 한다 할 것이라. 이럼으로 이 의견이 갈릴레이, 뉴톤의 상대설에 저촉되야 전기와 광선작용에 대하야는 상대론이 무효하게 되얏다. 그러나 몇몇의 물리학적 실험 특히 마이클손(마이컬슨) 실험은 지구의 절대적 운동을 확정치 못하얏스니 즉 빛을 지구에서 지구의 운행 방향으로 보내거나 혹은 지구에서 직각으로 보내거나 그 광선의 속도는 조금도 변경치 아니한다. 그래도 에레르설을 버리지 못하야 수많은 학설은 광선전파의 불변 속도를 설명코자 하얏다.

황진남은 여기서 특수상대성이론의 시간 및 길이 변형이 어떻게 유도되는지 설명한다. 그는 이어서 중력장으로 확장된 일반상대성이론이 1919년 에딩턴의 일식 관측으로 입증되었다며, 이를 뉴턴의 절대적 시공간이 무너지는 과학 혁명으로 규정한다. 그리고 물질의 질량이 가지는 에너지에 대한 그 유명한 공식 $E = mc^2$에 대한 설명도 덧붙인다. 그의 네 번째 기사 내용은 이렇다.

이상 소위 '중력계'라는 관념은 아인스타인의 신중력론에 그 근거를 두는 것인대 (…) 즉 모든 물체는 각기 주위에 중력 구역이 있어 어떤 물체던지 이 구역 내에 있을 시는 호상 견인하게 된다. (…)

중력계에서는 광선의 전파도 곡선으로 된다 함이 또한 상대론으로부터 귀결되는 바이다. (…) 아인스타인이 1915년에 태양의 중력계를 지나는 빛은 곡절될 것이라 예언하야 1919년 5월의 개기일식에 영국 천문학 탐험단은 뿌라질국(브라질)에서 이 현상을 진실로 관찰하게 되얏다. (…)

상대론은 물질이 막대한 힘을 포함할 뿐 아니라 물질은 힘의 응고한 것이라 설명한다. 일 그람의 물질은 이십조라는 (20,000,000,000,000) 다수의 칼로리를 포함하얏스며 일 칼로리는 일 그람의 물 섭씨 일 도의 온도를 얻음을 생각하면 통상 물체의 포함한 역량의 굉대함을 알 수 있다. (…) 성냥 두세 개에 포함한 역량을 이용하야 전 세계의 모든 기선(증기선)을 일 년간 운항식히게 된다 한다.

베를린 유학생 황진남의 상대성이론 특집 기사는 아인슈타인이라는 인물에 대한 자세한 소개로 이어진다. 도입부가 재미있다.

아인스타인은 누구인가 (一)

在伯林 黃鎭南 (寄)

紹介합니다 物理學科에서 研究하시는 아인스타인 孃임니다 우리 時代偉人인 아인스타인氏의 從妹라하는 一女學生이 내게 말함은 五年前 瑞西國 쪽으로 大學에서 工夫할쌔다 『당신은 勿論 아인스타인이 누구인지 아시오』 하는 타인이 對하야 아모 形便도 모르는 나는 否定詞로 答하얏다 便도 모르는 나는 긔가 막히여 우스면서 『이 불상한 냥반아! 容

◎ 1922년 11월 18일부터 《동아일보》에 3회 연재된 황진남의 '아인스타인은 누구인가' 시리즈 첫 번째 기사.

소개합니다. 물리학과에서 연구하시는 아인스타인양임니다. 우리 시대 위인인 아인스타인씨의 사촌 누이라 하는 한 여학생이 내게 말함은 오 년 전 스위스 쭈리히(취리히)대학에서 공부할 때다. "당신은 물론 아인스타인이 누구인지 아시오" 하고 뭇난 데 대하야 아모 형편도 모르는 나는 부정사로 답하얏다. 긔가 막히여 우스면서 "이 불상한 냥반아! 용서하시오."(…)

아인스타인의 존재 여부도 모르든 나는 이 여학생의 비소를 감수하얏다.

이후로는 아인스타인과 상대론에 대한 해석적 서류도 읽어 보고 또 그의 저서도 연구하야 보앗스나 (…) 책장을 넹길 때마다 츨라톤(플라톤)의 아카데미 문 앞에 걸린 '수학에 불통하

는 자에게는 허입을 금함'이라는 구절을 기억치 아니치 못하
얏다. 아인스타인씨 자신도 말하기를 상대론의 진의를 이해
하는 이가 현재 차세에 5인 이외에 없다 하얏다는 풍설이 잇
다. 고등 수학에 정통치 못하고는 상대론의 진미를 모르고 상
대론을 이해치 못하면 아인스타인 숭배도 허위라 하겟다. (…)
그런대 유태인 배척이 이러케 심한 독일이 그를 위하야 특별
히 천문대를 창건한 것을 보든지, 독일을 그러케 배척하든 영
국과 전국 각 학교에 독일어 교수를 금지하든 미국이 그를 초
청하는 것을 보면, 심지어 독일 것이라면 열성으로 증오하는
프랑스까지 그를 초청하야 후대하는 것을 보면 그 과학적 공
적이 위대함을 추상할 수 잇다. 그런데 그가 우리 동아시아에
여행하려 출발하얏다는 소식을 듣고 (우리 학계에 기왕 누차 명석
하게 소개되얏슬 듯하나) 상대론의 원리를 소개코자 하얏다.

스위스 취리히대학에서 만난 아인슈타인의 사촌 여동생에
게 아인슈타인을 모른다고 했다가 망신당한 사연은 독일 과
학 아카데미에서 아인슈타인을 만났다는 이야기로 이어진다.

회상한즉 금년 이월인 듯하다. 베를린서 여러 해 유학하시는
김중세[29]씨의 소개로 독일의 최고 학술기관인 소위 '과학 아
카데미' 기념일에 참석하게 되얏다. 고명한 학자도 만히 출

석하얏고 재미잇는 강연도 만히 잇섯다. (…) 여러 학자들을 보면 (…) 두발은 부정돈이오 체격은 부조화하고 용모는 우리 정원에 빈번히 뵈이는 고석갓고 음성은 허약하야 엇지할 수 업는 학자들이다. (…)

그런데 이 주위 광경에 전혀 정반되는 선명한 학사 일인이 뒤에 앉앗으니 이 사람이 저명한 아인스타인씨다. 비교적 연소한 용모에 단순하고 온공한 태가 분명하며 넉으럽고 검은 두 눈은 학자님의 추상적 위엄을 대하얏다는 것보다 미술가의 비장한 기색을 발현한다. 미술가 중에도 화가라는 것보다 음악가라 하얏스면 비교가 근사하겟다.

그리고 아인슈타인의 성장 배경, 특히 음악과 예술에 대한 이야기도 자세히 소개하며 제1차 세계 대전에서 군국주의에 맞섰다는 이야기도 덧붙인다.

아인스타인은 (…) 음악을 사랑하야 (…) 현재에도 자연과학적

---

29 김중세(金重世, 1882~1946)는 일본 유학 후 1909년에 독일로 떠나 1911년 베를린 훔볼트대학에 입학해 한국인 최초의 독일 유학생이 되었다. 이 무렵 김중세는 베를린 아카데미에서 활발히 활동하고 있었기에, 황진남에게 과학 아카데미 기념일 행사를 소개했던 것으로 보인다. 김중세는 1926년 라이프치히대학에서 박사 학위를 받고 1928년 귀국하여 경성제국대학 강사로 근무했다.

이론보다 예술을 사랑하며 예술 중에도 음악과 문예에는 자기의 전문하다십히 종사하는 바이라 한다. 더스터예츠스키(도스토예프스키)의 《가라마소흐(까라마조프)》 갓흔 것을 애독함을 보아도 그 취미의 방향을 알 수 있겠다. (…)

1914년 세계 전쟁이 폭발할 때 각국 학자들이 다 각각 자기 조국을 옹호하며 적국을 공격하고 독일서는 학자들이 선언서까지 공포하얏다. 아인스타인은 이에 서명치안코 황국주의를 불척하며 평화주의를 옹호하야 각 민족의 자유 발전을 위하야 (…)

스위스 쭈리히대학에서 수학과 물리학을 연구코자 함이다. 후일 상대론의 기본적 문제를 발현함은 이 대학에서 사 년간 독공(독학)할 때이니 즉 에테르에 상대적으로 운동하는 물체의 광선발사현상이다. 졸업 후 희망하든 학교 교사는 되지 못하고 (…) 특허국에 자리를 득하니 자기 학문과 직업이 상이함은 (…) 생계로 분망 중이건만 해결 못한 문제 연구를 열성으로 계속한 결과가 1905년에 생산된 특별상대론의 기본적 논문이다. 〈광선의 출생과 변태에 관한 발견적 관찰점〉, 〈힘의 관성〉, 〈뿌라운(브라운) 진동의 법칙〉 등이오, 그중 상대론과 직접 관계인 것은 〈운동 중 물체의 전기역학적 연구〉라는 논문이오. (…)

이 논문이 발간되며 각처의 비평도 많았고 현재 베를린대학

교수 역량단위론으로 저명한 물리학자 츨람크(플랑크[30])씨는 개인적으로 경축까지 하얏다. 우선 물리학계에 저명하게 된 즉 각 대학에서 서로 경쟁하며 초빙코자 하야 (…) 1914년에 베를린대학에 초빙되니 스위스 국적이오 황국주의를 극히 반대하며 사회주의적 경향의 인격으로 당시 제도대학의 교편을 잡게 됨은 독일 학계 드문 일이다. 포앙카레[31](현 프랑스 총리의 형)와 같은 대학자도 당시에 아인스타인을 최대한 천재 중 일인이라 찬예하얏다. 이리하야 아인스타인이라는 이름은 인류 문화사상 최고 한 지위 중 하나를 접하게 되얏다.

이상 여러 논문은 물리학상 발견에만 한정치 안코 칸트 이전 이후로 절대적이라든 시간과 공간을 '상대화'하야 수학과 철학뿐 아니라 일반 사상 법칙에 전무하든 새 법칙을 창설하얏고 그 후 1915년 저서 일반상대론으로 새 우주관을 우리에게 주었다. 1919년에 영국 천문학 탐험단의 관찰로 인하야 상대론의 예언이 자연계의 사실임을 공포된 후 아인스타

---

30 양자 이론의 창시자 막스 플랑크(Max Planck, 1858~1947)는 독일 물리학자로 1918년 노벨 물리학상을 받았다. 1911년 설립되어 독일 과학 발전을 이끈 카이저 빌헬름 연구소는 그의 업적을 기려 1948년 막스 플랑크 연구소로 이름을 바꾸었다. 이 연구소는 2021년까지 총 23명의 노벨상 수상자를 배출했다.

31 '푸앵카레 추측'으로 유명한 앙리 푸앵카레(Henri Poincaré, 1854~1912)는 프랑스 수학자로 아인슈타인의 특수상대성이론에 기여했으며, 황진남이 이 기사를 쓸 당시 프랑스 수상인 레몽 푸앵카레(Raymond Poincaré, 1860~1934)의 사촌 형이었다.

인의 이름을 아동까지 찬예하게 됨은 우리가 경험하는 바다. (···) 그런즉 인류 문화사가 계속되는 한 아인스타인이라는 이름은 영원할 것이며 또한 전 세계 인류가 갈릴레이와 뉴톤과 가치 숭배할 것은 부정치 못할 사실이다.

이 무렵, 국내 언론들은 아인슈타인이 일본으로 향하던 여정을 상세히 보도했다. 아인슈타인이 탄 배가 무기 탑재 혐의로 상하이에 하루 동안 잡혀 있던 이야기를 비롯해, 아인슈타인 일행이 고베에 도착한다는 11월 18일《동아일보》기사에는 이런 글도 실린다.

아인스타인 박사가 독일의 대학교수로 받는 월봉은 독일 지폐가 전쟁 전의 시세이면 일화 일만 이천 원에 상당하지마는 작금의 시세로는 삼십삼 원 미만이라 한다. 조선인 순사보다도 더욱이 가련치 아니한가.

이 무렵 제1차 세계 대전 패전국인 독일은 극심한 인플레이션으로 고통을 받고 있었다. 아마 이 때문에 조선교육협회는 아인슈타인 초청 비용을 감당할 수 있다고 생각했을지도 모른다. 그러나 일본에서 그의 인기는 폭발적이었다. 도쿄, 교토, 후쿠오카, 센다이를 거쳐 삿포로에 이르기까지 일본 전역에서 열린 강연회의 입장권은 3엔이라는 고액이었는데, 무려 1만 4,000장이나 팔려나갔다. 결국 조선교육협회 일행은 아인슈타인 초청에 성공하지 못한다.

그럼에도 조선의 언론들은 아인슈타인이 얼마나 대단한 인물인지, 상세한 현지 분위기를 전하며 아인슈타인 붐을 이끌었다. 무려 한 달이 넘게 지속된 아인슈타인의 일본 방문은 이처럼 엄청난 관심 속에 진행되었고, 이제 조선에서 아인슈타인과 상대성이론은 지식인이 반드시 갖추어야 할 소양으로 인식되었다. 이 열풍은 다음 해 조선 전역에서 열린 상대성이론 강연회로 이어진다.

상대성이론 강연회

1923년 7월 15일 서울역에 도착한 조선유학생학우회 순회강연단. 왼쪽부터 최윤식, 김영식, 한위건이다. 뜨거운 한여름인데도 말쑥하게 차려입은 긴 소매의 서양식 정장에 우산까지 들고 있는 모습이 인상적이다. 조선에 불어닥친 아인슈타인 붐은 이해 여름 학우회 순회강연으로 이어진다. 도쿄 유학생으로 이루어진 이 '모던보이'들은 여름방학에 조선 전역을 돌며 상대성이론에 대한 대중 강연을 했고, 각종 신문은 이들의 행적을 연일 보도하며 이슈화했다. 1912년 결성된 조선유학생학우회는 1919년의 2·8 독립선언을 이끌기도 했으며, 1920년 여름방학부터 하기 순회강연을 시작했다. 그들은 매우 조직적으로 움직였고, 전국의 주요 도시를 다니며 한 이들의 강연은 반일 운동으로 인식되었다. 이에 따라 첫해부터 당국의 집중적인 감시를 받아, 서울 강연 도중 중단되고 만다. 전국적인 호응에 힘입어 1921년 하기 순회강연은 성황리에 일정을 다 소화했지만, 1922년 하기 순회강연은 이루어지지 못했다. 1923년의 강연회는 2년 만에 이루어지는 행사라 많은 관심을 받는데, 이들은 '상대성이론'을 주제로 선택했다.

아인슈타인이 일본을 방문한 다음 해인 1923년, 도쿄 유학생들은 여름방학 동안 조선 전역을 순회하는 강연을 기획한다. 그들의 리더로는 한위건과 이여성이 있었고, 여기에 도쿄제국대학 수학과에 재학 중이던 최윤식이 합류했다. 그들은 1920년부터 해오던 하기 순회강연의 주제를 상대성이론으로 삼기로 했다. 이들 도쿄 유학생은 한 해 전 아인슈타인의 일본 방문이 얼마나 대단한 영향을 끼쳤는지, 동시에 조선 전역에 얼마나 큰 상대성이론 열풍이 불었는지 그리고 아인슈타인과 상대성이론이 조선 민족에게 얼마나 중요한지를 잘 알고 있었다.

1919년의 3·1운동이 시작되던 첫날, 시위에 가장 큰 역할을 한 것은 경성의학전문학교 학생들이었다. 당시 경성의전 학생으로 시위를 주동했던 한위건은 파고다공원에서 독립선언서를 낭독한 인물이다. 이후 그는 와세다대학으로 유학을 떠났고, 1923년 여름 학우회 순회강연을 이끌게 된 것이다.

순회강연단의 또 다른 리더 이여성은 재력가의 아들이었다. 본명은 이명건(李命鍵)이다. 그의 조부는 금부도사였고 부친은 현감을 지낸 만석꾼이었다. 5,000평이 넘는 이여성의 집에는 심지어 테니스 코트도 있었다. 그런데 무장 독립 기지를 만든다며 이여성은 집에서 토지 문서를 훔쳐 4만 5,000원을 마련해 중국에 간다. 당시 쌀 한 가마니 가격이 3원 정도였으니, 무려 1만 5,000가마니에 해당하는 돈이다. 이때 이여성의 나이 17세였다. 그는 중국으로 떠나며 어린 시절 항일운동으로 의형제를 맺었던 김원봉, 김두전과 함께 호를 짓는데, 김원봉은 약산(若山, 산과 같이), 김두전은 약수(若水, 물과 같이) 그리고 이명건은 여성(如星, 별과 같이)으로 불리게 된다. 하지만 곧이어 3·1운동이 벌어지자 귀국해서 활동하다 체포되어 3년간 옥살이를 했다. 그리고 22세에 일본으로 유학을 떠난다. 그는 사회주의 사상에 심취하여 한위건 등과 조직 활동에 앞장섰다.

1923년의 조선은 사회운동의 정점에 있었다. 1923년 3월 16일, 일본 도쿄에 있던 방정환은 '색동회'를 조직한다. 여기에 진주 출신 강영호가 합세했다. 강영호는 1920년 우리나라 최초의 소년 운동 단체인 '진주소년회'를 만든 인물이다. 방정환은 강영호의 진주 소년 운동에 영향을 받아 1921년 '천도교 소년회'를 만들었으며, 1922년 5월 1일 천도교 주도로 '어린이날'을 제정했다.

같은 시기, 진주에서는 백정들의 해방 움직임이 있었다. 1894년의 갑오개혁으로 형식상 천민 계급이 없어졌지만 실생활에서는 여전히 존재했다. 진주에서 어느 백정의 자녀가 등교를 거부당하자 지식인들이 나섰는데, 이를 주도한 것은 진주의 교육 인텔리 강상호였다. 천석꾼의 아들로 태어나 1910년 진주 봉양학교(현재 봉래초등학교) 설립을 이끈 그는 강

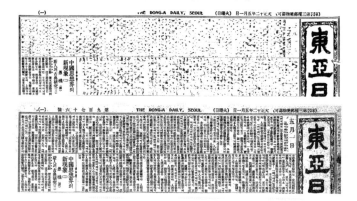

◎ **1923년 5월 1일 자《동아일보》.**

1면 논설은 위 사진과 같이 검열 삭제되었다. 다행히 원문이 아래 사진과 같이 전해졌다. 사설의 제목은 '5월 1일: 메이데이와 어린이날'. 이날은 우리나라 최초로 메이데이 행사가 열렸다. 동시에 첫 어린이날 행사가 있었다. 사설은 이렇게 시작한다.

> 메이데이는 전 세계의 무산자가 착취와 압박에서 해방을 고창하는 국제적 시위운동 일이요, '어린이날'은 사람을 농물(장난감)시 하는 조선 부형에게 '우리도 사람이니 사람의 대우를 해달라'는 어린이의 인적 해방을 호소하는 기념일이다. '메이데이'는 미국에서 발원하여 전 세계를 포함하였고 어린이날은 조선에서 창도되어 아직 조선에 그쳤으니, 일은 세계적이요, 일은 조선적이라. 역사의 장단이 있고 범위의 광협은 차이가 있지마는 동일한 해방의 절규요 인격의 주장이니 정신적 공동성이 유하다. 전 인류의 생활을 정시하고 그 비도무리한 생활환경을 타파하기에 축적된 울분을 불승하노라.

이처럼 당시 지식인들은 두 행사를 같은 맥락에서 받아들였다. 억압에서 해방되는 자유와 평등의 실현이 그것이다. 동시에 벌어진 형평사(衡平社) 운동도 같은 선상에 있었다. 한편, 1928년부터 어린이날은 5월 첫째 일요일로 옮겨졌고, 일제의 탄압으로 1939년에 중단되었다가 해방 후 부활하여 5월 5일로 정해졌다.

영호의 형이다. 1923년 4월 25일, 진주에서 백정 해방운동인 형평사 창립총회가 열린다. 강상호는 조선일보 진주 지국장 신현수에게 도움을 청하고, 여기에 백정의 아들로 일본 메이지대학 유학파였던 장지필이 합류하며 세를 불렸다. 진주에서 출발한 형평사 운동은 전국으로 번져 순식간에 12개의 지사와 67개의 분국이 조직된다. 1923년의 상대성이론 강연은 이런 분위기에서 전개되었다.

1923년 여름, 이여성, 한위건의 주도로 조선유학생학우회가 조선 전역을 순회하며 개최한 '상대성이론' 강연의 열기는 대단했다. 7월 7일 부산항에 도착한 당일, 부산 강연(500명)을 시작으로, 8일 마산(300명), 9일 진주(800명), 10일 밀양(300명) 강연을 성황리에 마치고, 공주와 청주를 거쳐 무려 1,000여 명이 참석한 14일 수원 강연 후 15일 서울에 도착한다. 연일 강행군으로 진행된 이들의 강연이 순조롭기만 한 것은 아니었다. 대구에서 이여성이 시국 강연을 하고 있을 때, 경찰이 들어와 해산을 명하고 이여성은 체포되었다. 그들의 강연은 곳곳에서 열렬한 환영을 받았다. 다음은 1923년 7월 15일 자 《조선일보》 기사다.

학우회 강연 대성황
한위건, 김영식, 최윤식, 세 사람은 지난 9일 하오 6시경에 진주에 도착하야 진주좌에서 저녁 8시 반부터 문화대강연을 개최하얏는대 젊은 사자후를 들으랴고 시작 전부터 청객은 가슴을 졸이며 장내에 만원의 대성황을 이른 중 김의진씨의 개회사와 사회로 강연이 시작되얏는대 강연자들이 열렬한 웅변을 토할 때마다 올소! 올소! 하고 박수갈채의 소래는 장내를 진동케 하얏스며 수천 청중으로 하야금 엄청난 감동을 주고 하오 12시경에 대성황리에 산회하얏는대 당일 연제와 연사 씨명은 아래와 같다더라.

1. 절대(絶對)와 상대(相對), 제대(도쿄제국대학) 이과생 최윤식군.
2. 문화운동의 경제적 고찰, 조대(와세다대학) 정경과 김영식군.
3. 개성 발전과 사회 발달, 조대(와세다대학) 정경과 한위건군.

이처럼 도쿄제국대학 수학과 학생이던 최윤식은 '상대성이론' 과학 강연을 했으나, 사회주의자였던 이여성과 한위건은 민중 각성을 촉구하는 시국 강연을 했다. 결국 16일 서울 강연에서 경찰과 충돌이 발생한다. 연단에 경찰이 앉아 연사의 발언에 계속 참견하며 제지하자 관객들의 항의가 속출하고 강연은 중단된다. 이에 굴하지 않고 강연단은 일정을 강행했다. 폭염과 큰비에도 끊임없이 몰려드는 청중을 위해 독창이나 바이올린 독주 등 음악 공연을 엮어 분위기를 돋웠으며, 학생들이 펼치는 새로운 지식에 사람들은 열광했다. 특히 최윤식의 상대성이론 강연은 어려웠지만, 청중은 끝까지 경청했다. 7월 17일의 인천 강연을 기록한 《동아일보》 기사는 짠하기까지 하다.

> 세 시간 동안을 계속한 최윤식씨의 강연은 첨부터 끗까지 수학 공식으로 발뎐되여 나갓슴으로 수학 지식이 잇는 사람에게는 그리 어렵지 안타 하나 대부분은 역시 알어듯지 못하는 헛졍성만 보엿다. 그러나 텽중의 대부분을 덤령한 학생들이 끗끗내 필긔를 계속함은 보는 사람과 말하는 사람으로 하야금 저윽히 마음을 진덧게 하엿다.

강연은 계속되어 18일 개성(500명), 19일 연백(600명)을 거쳐, 20일 해주와 21일 사리원, 22일 평양, 24일 진남포, 25일 정주, 26일 최윤식의 고향 선천에서의 마지막 회에 이르기까지 거의 한 달간 조선 전역을 달구었다.

상대성이론 순회강연을 성공적으로 이끈 이들은 이후 어떤 삶을 살았을까? 경성의전 출신 한위건은 도쿄 유학을 마치고 귀국해서 자신이 실습하던 총독부의원 여의사 이덕요와 1925년 결혼한다. 얼마 뒤, 경성제국대학이 설립되자 대한의원이던 총독부의원은 경성제국대학 병원이 되었다. 해방 후, 경성의전은 경성제국대학 의학부와 합쳐져 서울대학교 의과대학이

大道教堂에서 강연회를열고 써
거풍 (徐基澧)씨 사회하에 성황
중 강연을맛쳣더라 (진남포)

뎡주
단일행은 뎌명과 가치 이십오일
뎡주 동경학우회 순회강연
뎡주에 도착하야 본사뎡주지국
당 방응모(方應模)씨 사회하에
성황중강연을마쳣는데 청중은무
려오백명에 달하엿더라(뎡주)

◎ 무려 500명이 참석한 7월 25일 평안도 정주에서의 순회강연을 보도한 1923년 7월 28일 자 《동아일보》 기사.

당시 동아일보 정주 지국장 '방응모'의 사회로 진행되었다는 내용이 눈길을 끈다. 이 무렵 식민지 조선에는 금광 열풍이 불었다. 상대성이론 강연 사회를 맡았던 신지식인 방응모는 무언가를 깨달았는지 이듬해 갑자기 광산 개발에 뛰어들었다. 1920년대 조선에 불어닥친 금광 열풍에 가담한 것이다. 벼락부자가 된 방응모는 광산을 매각해 1933년 조선일보를 인수한다. 방응모의 이야기는 여러 사람을 광산 개발로 내몰았다. 특히 지식인 계층의 동요가 심했다. 심지어 계급주의 문학가였던 김기진 역시 방응모에게 자극받아 금광에 뛰어들었다 실패하고, 〈레디메이드 인생〉으로 지식인의 허위의식을 비판하던 채만식도 금맥을 찾아 헤맸으며, 김유정마저 광산을 전전하다 요절했다. 신간회 사건으로 변호사 자격이 박탈되어 생계가 어렵던 사회주의 지식인 허헌도 금광을 개발하겠다며 윤치호에게 돈을 빌렸다. 이처럼 100년 전의 조상들에게도 벼락부자의 꿈은 도무지 떨칠 수 없는 유혹이었다. 한편, 이런 금광 열풍에 광산기술자의 수요가 폭증하자, 1939년 경성고등공업학교의 광산과를 따로 분리하여 경성광산전문학교가 만들어졌다. 방응모의 사회로 상대성이론 강연을 하던 최윤식 역시 귀국 후 경성고등공업학교 교수를 맡다가, 1939년 신설된 경성광산전문학교로 갔다.

되었고, 경성제국대학 병원은 서울대학교 병원이 되어 오늘에 이르고 있다.

모던보이 한위건 못지않게 도쿄 유학파 이덕요 역시 모던걸이었다. 그녀는 '동성연애'로도 유명했다. 아래는 1930년, 잡지《별건곤(別乾坤)》에 실린 이덕요의 인터뷰 기사다.

하하하! 나의 동성연애하던 이약이 말씀입닛가. 나의 동성연애하던 이약이야말로 참으로 복잡하고 문제거리가 만엇습니다. (…) 나의 사랑하던 상대자는 물론 여러 사람이엿지만은 (…) 이현경과의 이약이만 하야도 참 장편의 소설 한 권은 넉넉히 될 만함니다. (…) 어듸를 가도 물론 가티 가고 잠을 자도 한 이불 속에서 가티 자며 그 외 모든 것을 다 한 몸 한뜻과 가티 지내섯습니다. (…) 그때 동경에 유학하는 여학생 중에 H란 여학생도 잇고 K란 여학생도 잇섯는데 H란 사람은 참 동성연애의 박사 칭호를 드를 만치 연애를 잘하야 우리 기숙사에 와 잇는 중에 P란 학생과 사랑이 격렬하면서도 나를 또 사랑하게 되고 K란 학생도 무조건하고 나를 조와하야 (…) 잠을 잘 때에는 이씨가 물론 내엽헤서 자지만은 내가 혹 여나 다른 사람에게 몸을 갓차이 하던지 손을 대일가 바 이씨는 잠을 한잠도 안이 자고 나를 감시하얏습니다.

이후 이덕요는 조선공산당 사건으로 중국에 망명한 남편 한위건을 따라 중국으로 갔다가 병을 얻어 사망했다. 님 웨일스의 소설《아리랑》의 주인공으로 잘 알려진 '김산(본명 장지락)'의 라이벌이었던 한위건 역시 중국에서 병사했다. 이덕요의 동성 연인 이현경은 한위건의 경성의전 친구 안광천과 결혼했고, 이들 부부도 중국으로 망명해 김원봉과 같이 활동하다가 소식을 알 수 없게 되었다. 2005년 한위건에게 건국훈장 독립장이 추서되었고, 2019년 서울대학교 의과대학은 한위건에게 명예 졸업장을 수여했다.

조선유학생학우회의 순회강연 무렵, 도쿄 유학생 이여성은 일본에서 음악 공부를 하던 박경희를 만나 열애에 빠진다. 박경희 역시 열혈 활동가였다. 그는 이현경, 박순천 등 일본의 여성 유학생을 모아 급진주의 모임을 만들었다. 사진(105쪽 참고)의 기사는 이여성과 결혼한 후 상하이에서 활동하다 귀국한 박경희에 대해 보도한 것이다. 이후 이여성은 동아일보, 조선일보 등에서 활약하며 해방을 맞았다. 여운형과 같이 좌우합작을 기도했지만 실패하고 월북했으나 얼마 뒤 그의 기록이 사라졌는데 아마 숙청된 것으로 추정된다. 박경희, 이현경과 같이 활동한 박순천은 나중에 총독부에 굴복해 친일했으며, 해방 후에는 야당 지도자로 활동하다가 1983년 84세를 일기로 사망했다. 일부 기사에는 이여성의 부인 박경희(朴慶姬)

女流音樂家
朴慶姬氏歸國

民衆的藝術家되기所望
固有한音律을가진音樂家여나오라
◇ ─ 樂家 朴慶姬氏談

◎ 1928년 성악가 박경희의 귀국 소식(위쪽은 《동아일보》, 아래쪽은 《조선일보》).
쇼트커트에 어깨를 드러낸 과감한 의상은 우리 조상들도 당시 서구에서 유행하던
아르데코 사조의 패션을 따라가고 있음을 보여준다. 이것이 100년 전 한국의 모습
이다.

를 1934년 윤심덕의 〈사의 찬미〉를 리메이크한 박경희(朴景嬉)와 혼동하고 있다. 전자는 알토이고 후자는 소프라노다.

상대성이론 수학 강연을 맡았던 최윤식의 결혼 이야기도 당대의 화제였다. 다음은 1925년 8월 30일 자《조선일보》기사다.

결혼식장에 통곡성

본지에 이미 보도한 최윤식군의 결혼식은 예명한 바와 가티 (…) 신랑은 금년 봄 동경뎨국대학을 졸업한 이학사요, 신부는 경성 뎡신녀학교를 마친 신녀자라, 이야말로 이즈음 세상에서 흔히 말하는 이상의 부부 (…) 남녀로소의 호긔심을 끌게 되야 (…) 자못 인산인해를 이룬 가운데 화려한 결혼식이 시작되야 (…) 관중들도 머리를 숙이여 엄숙하게 조용하얏슬 지음에 난대업는 통곡하는 우름소리가 한모통이로부터 울려 나와 (…) 결혼식장에서 통곡을 하다가 여러 동무들에게 붓들리여 밧그로 나가든 그 청년은 현재 동경전수대학(專修大學) 경제과에 재학 즁인 (…)

워낙 유명했던 최윤식이기에 결혼식에서 벌어진 소동으로 언론들의 후속 취재가 이어졌다. 보도에 따르면, 신부는 자유연애로 유명했던 당찬 신여성이었다. 그녀는 동향 출신 다른 남자와 사귀다가 애정이 식으면서 집안 소개로 만난 최윤식과 결혼하게 된 것이다. 최윤식의 결혼식은 신문에 보도될 정도로 화젯거리였고, 이 소식을 들은 '전 남친'은 축하해주려고 참석했다가, 갑자기 감정이 북받쳐 장내가 떠나갈 듯 통곡을 한 것이다. 이와 같은 소동 속에 결혼한 두 사람이지만, 순회강연단의 누구보다 오래도록 행복한 가정을 꾸렸다. 그녀는 말년까지 한국에서 사회 활동을 적극적으로 펼친 열혈 할머니로 살았다.

상대성이론 열풍은 문인 이광수에게까지 영향을 미친다. 소설 〈무정〉에서 과학의 중요성을 외쳤던 그는 1927년 6월 《동광》에 〈아인스타인의 상대성 원리, 시간 공간 및 만유인력 등 관념의 근본적 개조〉라는 장문의 논설을 싣는다. 《동광》은 안창호가 주도한 '수양동우회(修養同友會)'의 기관지 성격으로 1926년에 시작된 잡지다. 이광수는 이렇게 글을 시작한다.

세계 대전 이후에 세목을 용동(聳動)하던 '아인스타인'의 상대성 원리는 그의 동양 방문으로 그 유행의 절정에 달하였다가 그 후에 모든 다른 유행과 마찬가지로 쇠퇴하고 말았으나 그의 발견한 진리는 허다의 과학적 발견과 함께 후대까지 남을 것은 의심 없는 사실이다.

그러면 상대성 원리란 과연 무엇을 포함한 것인가. 그 수학적 난관과 인식학적 신기로 인하여 보통 난해하다는 한 마디로 묻고 마는 일이 많으니 세계에서 이를 완전히 이해하는 이가 12인에 불과하다는 '신화'까지 발생된지라, 그러나 이제 우리 보통인의 상식의 허하는 범위 이내에서 이에 대한 개념이라도 얻을 수가 아주 없을 것은 아니라.

이 대목은 주목할 만하다. 1920년대 초, 조선 전역을 휩쓴 아인슈타인 열풍이 이미 지나갔고, 그래서 이제는 상대성이론을 단지 어렵다고만 할 게 아니라 일반 대중도 이해하는 수준으로 이야기되어야 한다는 이광수의 주장은 상당히 흥미롭다.

이에 이광수는 사람들이 쉽게 알 수 있는 문체로 아인슈타인의 이론을 설명하기 시작한다. 에테르의 존재가 부정된 마이컬슨의 실험으로 시작해 빛의 상대속도가 어떻게 새로운 중력이론으로 연결되는지 상대성이론을 비교적 정확하게 해설했다. 이처럼 당시 아인슈타인은 일반인에게 알려질 정도로 지식인의 필수 교양이 되었고, 1928년 8월 22일 《중외일보》는 '상대성이론을 가르키라'라는 사설을 싣기도 한다.

이 흐름은 1930년대까지 이어졌다. 1932년 11월 《동광》에 한 익명의 기고자는 아인슈타인의 상대성이론을 이해하고자 한다면 영국 과학자 에딩턴의 책 《공간·시간·인력》을 읽어보라고 추천한다. 제1차 세계 대전에서 영국과 독일은 맞서 싸

⚙ **1932년 《동광》 11월 호에 소개된 에딩턴의 《공간·시간·인력》.**

당시 《동광》은 가을이 독서의 계절이라며 '애인에게 보내는 책자'라는 특집 기획을 마련했는데, 책 소개 코너로는 꽤 낭만적이다. 여기에 에딩턴의 책이 소개된 것이다. 그런데 주목할 점은 익명의 기고자는 에딩턴의 책을 원제목 'Space, Time and Gravitation'으로 소개한다. 당연히 한국어 번역본은 없었기에(아직 한국어 번역본이 없다), 영어 원문을 읽었던 것으로 보인다. 그는 이어서 칸트의 《순수이성비판》과 앙리 베르그송의 《물질과 기억》을 추천하고, 마지막으로 프랑스 사회학자 에밀 뒤르켐(Émile Durkheim)의 명저 'De la Division du Travail Social'을 소개한다. 《사회분업론》으로 번역되는 이 책을 프랑스어 원문으로 소개한 것으로 볼 때, 이 책역시 원어로 접한 것으로 짐작된다. 한편, '애인에게 보내는 책자' 특집에 같이 소개된 책으로는 니체의 《차라투스트라는 이렇게 말했다》 등이 있는데, 특이하게 시인 김억(金億)은 헝가리 문학가 율리오 바기(Julio Baghy)의 책을 추천한다. 율리오바기는 '에스페란토' 문학의 대가였고, 김억 역시 에스페란토어에 심취해 있었다. 이처럼 당시 지식인들의 폭과 깊이는 분야를 넘나들고 세계와 호흡했다.

웠지만, 평화론자로 병역거부까지 했던 에딩턴은 적성국 독일의 아인슈타인 이론을 적극 받아들였다. 아인슈타인 역시 전쟁에 반대하는 입장이었다. 에딩턴이 일식 관측을 통해 상대성이론으로 예측한 빛의 중력 굴절을 증명한 데는 이러한 배경이 있었다. 에딩턴의 1923년 저서 《공간·시간·인력》은 상대성이론을 설명하는 최신 도서였다. 익명의 기고자는 이 책을 《동광》에 소개하며 이렇게 마무리한다.

"웨 권하느냐고요? 조선 사람은 과학을 등한히 하니 그 폐를 교정하자는 것과 무엇보다도 시대에 낙오되지 말어야지오."

간토대지진과 우장춘,
베를린의 황진남과 이극로

1923년 전설적인 바이올리니스트 야샤 하이페츠(Jascha Heifetz)
가 도쿄에서 지진 희생자를 위로하는 야외 공연을 하는 장면.
당시 하이페츠는 일본 순회공연 중이었다. 그런데 이 소식을
듣고 조선의 음악 애호가들이 그를 서울에 초청했다. 같은 해
11월의 일이다. 쌀 한 가마니가 3원이던 시절, 입장권 가격이
무려 3원이었지만 500석이 매진된다. 하지만 하이페츠의 한
회 공연 개런티 5,000원에는 한참이 모자랐다. 주최 측은 큰
손해를 보았지만, 그해에는 하이페츠 못지않은 바이올린의
대가 프리츠 크라이슬러(Fritz Kreisler)의 내한 연주도 있었다.
100년 전 조선 음악계의 모습은 이러했다. 이런 분위기에서
그해 여름 상대성이론 전국 순회강연도 있었던 것이다.

1923년 9월 1일, 도쿄는 지진으로 엄청난 피해를 기록했다. 역사에서 '간토대지진'으로 불리는 이 재난에 이어 끔찍한 유언비어가 퍼지면서 많은 조선인이 학살당한다. 당시 조선 언론은 도쿄 교민들의 피해를 취재하기도 하고, 9월 27일 자《동아일보》에는 상대성이론의 스타였던 도쿄제국대학 유학생 최윤식이 무사하다는 기사가 실리기도 했다. 당시 도쿄에 살고 있던 우장춘의 집은 큰 피해를 입지 않았다. 이 무렵, 학교를 졸업하고 일본 농림성 산하 농업시험장에 재직 중이던 우장춘은 일본인 여성과 사귀고 있었다. 한때 우장춘은 어느 변호사의 아이들 과외를 한 적이 있는데, 그 부인이 우장춘의 사람됨을 보고 교사 생활을 하던 자신의 여동생을 소개한 것이다. 이듬해 26세의 우장춘이 22세의 일본인 고하루와 결혼했다.

아버지 우범선이 고영근에게 암살되었을 때 우장춘은 다섯 살이었다. 한동안 그는 방황했고, 보육 시설에 맡겨지기도 했다. 사정을 알게 된 조선총독부의 주선으로 1916년 도쿄제국대학 농학실과(일종의 전문학교)에 겨우 진학한다. 이때까지 우장춘은 그렇게 뛰어나지 않은, 그냥 평범한 학생이었다. 우장춘에게 아버지의 이야기를 해주는 유일한 사람은 어머니였다. 그녀는 아들에게 늘 아버지는 조선 혁명가라고 이야기했다. 하지만 일본에서, 일본인 어머니에게 자란 그는 혼란스러웠다.

◎ 청량리에 있던 국립원예연구소 서울 분원에서 우장춘과 김철수.

우장춘이 앉아 있고, 뒤쪽에 수염을 기른 이가 김철수다. 상하이에서 고려공산당
자금 사건을 겪은 김철수는 해방 후 좌우 대립에서 끝까지 분열을 막으려고 했다.
하지만 그의 노력은 실패하고, 1947년부터 전북 부안에 낙향해서 농사를 짓고 살
았다. 우장춘의 조교로 서울 분원장을 맡았던 이성찬(왼쪽 양복 입은 이)의 아들 이상
원 박사가 소장하고 있는 이 사진은 김철수와 우장춘의 인연이 남달랐다는 것을
보여준다. 어린 시절부터 김철수와 자주 만났던 이상원 박사는 김철수와 우장춘,
허백련 화백과의 인연도 기록으로 남겼다.

자신의 이중성에 고민하던 우장춘은 우연히 조선인 유학생 모임에 나갔다가 희한한 광경을 목격한다. 우장춘이 이 모임에 나갔던 것은 그가 조선총독부의 장학금을 받고 있었기 때문으로 짐작된다. 조선에서 온 어떤 관리가 유학생을 격려하는 연설을 하는데, 젊은 학생이 연단에 뛰어올라 연사의 멱살을 잡고 항의하며 아수라장이 벌어진다. 이 젊은이가 김철수였다. 당시 이 장면은 도쿄 메이지대학에서 법학을 전공하던 허백련의 증언도 있다. 허백련은 이후 그림으로 진로를 바꾸었고, 조선을 대표하는 화가가 되었다. 우장춘은 이 무렵부터 김철수와 인연을 맺은 것으로 보인다.

우장춘의 어머니, 즉 우범선의 부인 사카이 나카는 조선을 방문한 일이 있다. 그녀에게 조선은 낯선 땅이 아니었다. 여동생 사카이 와키가 살고 있었기 때문이다. 우범선과 함께 명성황후 시해에 가담한 구연수와 결혼한 사카이 와키는 1907년 구연수가 사면되자 남편과 함께 조선으로 갔다. 일본에 망명 중이던 박영효, 유길준 역시 사면되어 귀국한다. 아마 우범선이 살아 있었다면 그 역시 사면되어 우장춘과 함께 조선으로 갔을 것이다.

1907년 헤이그특사파견이 일어나자, 구연수는 일진회 회원 300명을 동원해 덕수궁을 둘러싸고 고종의 퇴위를 요구해 관철했다. 이 공로로 기술 관료였던 구연수는 경찰 관료로 변신하고, 나중에 총독부에서 고위 관료로 승승장구한다. 따라서 우장춘의 어머니가 조선총독부에서 하사한 우범선 위로금을 받기 위해 조선을 방문한 것은 우연히 진행된 일이 아니다. 구연수와 사카이 와키 사이에 1899년 태어난 아들은 구용서이고, 우장춘의 이종사촌 동생인 그는 도쿄에서 유학하며 이모 집, 즉 우장춘의 집에 머무르기도 했다. 구용서는 나중에 한국 은행 초대 총재가 된다.

고종의 강제 폐위는 군대해산으로 이어졌다. 해산 명령이 떨어졌지만, 대한제국 군대는 그냥 물러서지 않았다. 8월 1일, 박승환의 자결을 시작으로 군인들이 봉기하며 일본군과 곳곳에서 전투가 벌어진다. 저항은 각 지방 주둔군으로 확대되었다. 이것이 정미의병의 시작이다. 그런데 경상도 진주에서는 어처구니없는 일이 벌어진다. 진주의 하급 경찰이던 25세의 최지환은 단신으로 진주 군영으로 들어가 봉기를 준비하던 지휘관을 감금한다. 진주 봉기는 이렇게 허무하게 진압되고, 최지환은 이 공로로 일제의 훈장을 받으며 초고속 승진을 했다. 그는 충청도 음성, 영동, 충주 등의 군수를 역임하고, 평안도 참여관을 거쳐 중추원 참의까지 오른다. 식민지 조선인이 오를 수 있는 최고의 자리였다.

최지환은 사업 수완도 뛰어나 고향 진주에서 권번(기생 조합)을 만들기도 하고, 당시 섬유산업에 주목해 일본인들과 견직

회사를 설립하기도 했다. 심지어 자신의 일본식 이름을 후지야마(富士山) 다카모리(隆盛)라고 짓는다. 일본의 상징인 후지산(富士山)과 메이지유신을 이끌고 정한론으로 유명한 사이고(西鄕) 다카모리(隆盛)의 이름을 합친 것이다. 1949년, 그는 반민특위에 체포되었다가 얼마 뒤 보석으로 풀려났으며, 이듬해 6월 대법원에서 최종심이 진행 중이었으나 며칠 뒤 벌어진 한국전쟁으로 흐지부지되었다. 진주에서 태어난 그의 아들 최형섭은 해방 후 한국의 눈부신 과학 발전을 이끌게 된다.

이승만과 옥중 동지였던 우범선의 심복 강원달 역시 1904년 보석으로 풀려나 교사 생활을 거친 뒤 평남 덕천, 경기 광주, 양주, 부천 등의 군수직을 역임하며 꽤 잘살고 있었다. 우장춘의 어머니 사카이 나카는 이 집에도 들렀다. 우장춘 역시 조선에 가족을 만나러 강원달의 집을 찾았다. 우범선의 딸 우희명과 결혼한 강원달의 집에는 우범선의 첫째 부인 서길선도 있었다.

강원달은 우장춘을 조선 호적에 올린 장본인이고, 우범선이 사망한 뒤 우장춘은 자연스레 그 집에 살던 이들 유가족의 호주가 되었다. 우장춘은 한국 어머니 서길선을 깍듯이 대했고, 이복 누나 우희명도 살폈다. 강원달과 우장춘이 만날 때마다 나눈 이야기가 무엇인지는 알 수 없다. 이를 종합해보면, 1950년 우장춘의 한국행은 갑자기 이루어진 일이 아니다. 그는 자신이 무엇을 해야 할지 조금씩 깨닫고 있었다.

한편, 1923년 간토대지진으로 도쿄가 초토화되었지만 '제국 호텔'만은 멀쩡히 살아남으며, 호텔을 설계한 프랭크 로이드 라이트[32]의 명성이 높아진다. 이 호텔 건축을 위해 일본에 방문한 라이트는 재벌 오쿠라 기하치로(大倉喜八郎)의 별채에 초청받고 깜짝 놀란 적이 있다. 바닥이 따뜻했다. 이 별채는 경복궁의 자선당을 뜯어 가서 만든 것이었다.

여기에 감명받은 라이트는 한국 전통의 온돌 개념을 제국 호텔에 넣었다. 온돌은 데워진 공기는 상승하고 차가운 공기는 가라앉는 중력 법칙을 이용한 것이다. 서양의 라디에이터와 다른 이 바닥 난방 방식을 그는 'Gravity Heat(중력 난방)'라고 불렀다. 미국에 돌아간 그는 좀 더 발전된 개념의 온돌을 연구해 1937년 제이콥스 하우스에 적용한다. 2019년 이 건물은 유네스코 세계문화유산으로 지정되었다. 하지만 오쿠라가 뜯어 간 경복궁 자선당은 간토대지진으로 소실되었다. 남아 있던 기단은 정원석 등으로 쓰이다가 여러 사람의 반환 노력으로 1995년 경복궁 경내로 돌아왔다.

1932년 일본은 이토 히로부미(伊藤博文)를 추모하기 위해 그

---

32 프랭크 로이드 라이트(Frank Lloyd Wright, 1867~1959)는 미국이 낳은 가장 유명한 건축가로, 그의 창의적인 건축 설계는 세계적으로 많은 영향을 끼쳤다.

의 이름을 딴 사찰 '박문사(博文寺)'를 장충단(獎忠壇)에 짓는다. 장충단은 명성 황후 시해 사건 때 일본 낭인들에게 죽은 홍계훈 등의 충신을 기리기 위해 고종이 세운 사당이다. 1909년 안중근의 거사가 있자, 개화 지식인 유길준과 지석영은 이토 히로부미 추모 행사를 장충단에서 열었다. 1919년부터는 장충단 일대에 벚나무가 심기면서 일본식 공원이 조성된다. 박문사는 이곳에 지어진 것이다.

박문사 건축을 위해 역대 임금의 어진이 모셔진 경복궁의 선원전이 뜯겨 오고, 광화문을 해체한 석재들이 쓰이고, 원구단 일부가 뜯겨 왔다. 박문사의 정문으로는 경희궁의 정문인 흥화문이 뜯겨 왔다. 이 공사는 경복궁 자선당을 일본으로 뜯어 간 오쿠라쿠미토목(大倉組土木)이 맡았다. 1939년 안중근의 아들 안준생은 박문사를 참배하고 여기서 이토의 아들을 만나 '아버지의 죄를 대신 사죄한다'라고 말했다. 이후 준생은 각종 친일 행사에 대대적으로 동원된다. 안중근의 딸 안현생도 1941년 박문사를 참배하고 각종 친일 행사에 동원되었다. 격분한 김구는 안준생의 암살 명령을 내렸다.

한편, 1923년 10월 9일 독일 신문《보시체 자이퉁(Vossische Zeitung)》에 간토대지진 당시 조선인 대학살 이야기가 실린다. 이를 직접 목격한 독일인 오토 부르크하르트(Otto Bruchhardt) 박사가 기고한 것이다. 기사를 읽은 베를린의 황진남은 울분에 박사를 찾아가 일본의 만행에 관해 이야기를 듣고 기록했다. 이 시기 독일은 제1차 세계 대전의 후유증으로 물가가 폭등한다. 1923년 10월 한 달에만 300배가 올라, 11월 히틀러가 주동한 뮌헨 폭동으로 나치가 급부상했다. 임시정부의 분열로 독일 유학길에 오른 황진남은 경제난의 직격탄을 맞았다. 그 절박한 상황은 황진남이 미주 한인들에게 보낸 편지에서 알 수 있다. 다음은 1924년 2월 21일 《신한민보》에 실린 그의 편지다.

> 물 한 그릇으로 겨우 련명이나 하여와스나 (…) 미쥬에 계신 멧멧 동포들의게 밧을 것도 젹지 안으매 그것이나 밧으면 굶어 죽게 된 형편을 면할가 하야 우표 살 돈이 업셔 친구들의게 우표를 엇어 미쥬 채무쟈들의게 편지를 하여 보아스나 한 사람도 하여 주난이가 업스니 내 편지를 못 밧아 보앗난지도 몰으거니와 만일 밧아 보고도 그와 갓치 무졍 무인도하야 황진남이가 죽더라도 샹관이 업다고 하면 이 엇지 인졍이 잇난 사람의 할 일이라 하리오. 나(황진남)는 만일 련우 신조하야 죽지 안코 살아나 다시 미쥬에 가난 날에난 이 어른들을 면대할 시에난 응당 좃치 못한 일도 업지 안을 듯하다 하엿더라.

황진남의 이 같은 호소는 미국에 있는 교포들을 움직였다.

그는 1924년 5월에 다시 한번 《신한민보》에 도움을 요청하고, 교포들은 대대적인 모금 활동을 벌인다. 드디어 6월 26일 《신한민보》에 베를린 유학생 대표에게 송금을 했다는 소식이 전해지는데, 수령자는 이극로였다. 이에 8월 15일 《신한민보》에 이극로가 보낸 감사 편지가 실린다. 하지만 황진남은 동포들이 보낸 구원금이 베를린에 도착하기 직전 독일 상황을 더 이상 버티지 못하고 프랑스 파리로 가게 된다. 박사 학위를 받기 불과 1년 전이었다.

이렇게 미주 한인들과 인연을 맺은 이극로는 몇 해 뒤 박사 학위를 받고 나서 미국을 방문한다. 1928년 7월 5일 《신한민보》는 이렇게 보도했다.

6월 24일 밤 여덟 시에 뉴욕 한인 예배당에서 뉴욕 한인 청년회 주최로 이극로 박사의 국어 강연이 잇섯다. 이 박사는 금년 여름에 독일 베를린대학에서 학위를 엇고 귀국하는 길에 뉴욕에 들럿다. 이 박사는 오래전부터 국어에 대한 연구를 계속하여왓스며 베를린대학에서 4년 동안 독일 학자들에게 우리말을 소개하며 교수하엿다 한다. 그리고 장차도 그 방면에서 일을 하리라는데, 그의 강연은 실로 신기하고 과학적이었다.

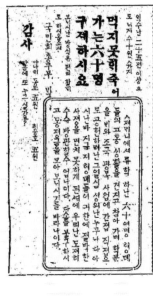

⚙ **1924년 당시 《신한민보》에 실린 모금 운동 광고.**

독일 유학생들을 돕기 위한 미주 동포의 활동은 한동안 지속되었다. 그들은 미국에 정착했지만, 세계 어디에 있든 조선인이라면 같은 '형제'라고 생각했다. 해외 유학 중인 학생들을 "고통 생활을 견디고 참하가며 학문을 배와 조국 광복 사업에 간접 직접으로 공헌하려난" 인재로 표현하며, "지금 저 형제들이 절박한 사정을 면치 못하게 된 때에 우리는 도저히 수수 방관할 수 없"다며 모금을 호소한다. 이처럼 하와이 이주 이후 모든 해외 동포의 바람은 오직 조국의 광복이었고, 자신들이 할 수 있는 것은 무엇이든 하겠다고 생각했다.

《신한민보》가 '과학적'이라고 언급한 이극로의 미주 순회 한글 강연은 계속되었다. 로스앤젤레스를 거쳐 샌프란시스코에서의 8월 26일 강연에 대한 《신한민보》의 기록은 더 구체적이다. 그는 '언어는 민족의 생명'이라고 전제한 뒤, 우리나라는 언어에 체계가 잡혀 있지 않아 말과 글의 통일성이 부족하다고 지적한다. 대표적으로 우리말을 글자로 표현할 때 여전히 한문식 문장에 의존한다는 것이다. "한발이 심하여 음료수 부족"이라고 쓴 《신한민보》의 기사를 예를 들며, "가뭄이 심하여 마실 물이 부족"으로 왜 표기하지 않는지 반문한다. 그리고 그 배경에는 제대로 된 '한글 사전'이 없다는 것이 가장 큰 문제라고 인식했다.

그는 더 나아가 한국어를 표현하는 한글이 왜 과학적인지를 언어학적으로 설명한다. 한글의 원리는 자음-모음-받침으로 이어지는 체계가 하나의 '실러블(syllable, 음절)'을 구성하기 때문이라고 설명하며, 결국 한글 과학화의 완성이 이를 체계화하는 맞춤법 통일이라는 점으로 이어갔다. 영어를 배워야 했던 미주 동포들은 영어 표기에서 실러블이 얼마나 어려운지 알고 있었다. 그들에게 이극로는 '실러블'이라는 용어를 사용해 근본적으로 음절 구조로 되어 있는 한글 표기가 얼마나 과학적인지 설명한 것이고, 동포들은 이를 직관적으로 이해할 수 있었기에 그의 강연에 열광했다.

이극로는 8월 29일 샌프란시스코를 떠나 한국으로 가는 길에 들른 하와이에서 강연을 이어갔다. 하와이 동포들 역시 그의 강연에 뜨겁게 호응했고, 여러 차례 강연을 하며 하와이 체류는 무려 한 달간 계속되었다. 10월 2일에야 이극로는 한국으로 떠날 수 있었다.

그는 귀국 후 조선어학회를 만든다. 가로쓰기 등 현대 한국어의 거의 모든 틀을 마련한 이극로는 조선어학회 사건으로 감옥에 있던 중 해방을 맞이한다. 그의 이야기를 소재로 만든 영화가 〈말모이〉(2019년)로, 영화 초반 서울역에 도착하는 윤계상이 바로 베를린 유학을 마치고 귀국하는 이극로다.

최초의 물리학 박사가 된
야구 스타 최규남

1926년 3월 16일 자《조선일보》대학 스포츠 특집 '각 교 순방기: 유사 이래 첫 공훈, 연희 야구의 거성 최군'. 연희전문학교를 첫 우승으로 이끈 야구부 주장이자 투수였던 최규남에 대한 기사다.

봄은 꼿피는 계절이다. (…) 먼지 덥힌 장안을 떠나 창천리의 거옥한 솔 습(소나무 숲) 속에 웃둑 소슨 석재의 백악관! 이곳은 조선인의 영재를 기르는 유일의 연희전문학교 (…) 낙락장송에 에워싸힌 넓은 그라운드와 코트를 가진 그만큼 동교의 스폿스(스포츠)는 독특한 '스파리트(spirit)'의 (…) 운동부 유사 이래 처음으로 작년 체육회의 야구 축구 양 대회에 전문학교의 패권을 잡앗다. 그런데 이 패권을 잡기까지에 유일한 공훈 전사는 최규남군이다. 군은 동교 운동부 부장으로 야구에는 투수이오, 축구에는 꼴긥퍼(골키퍼)이엇다. 군은 개성 한영서원 시대부터 야구에 취미를 가졋스며 금춘에 수물과(數物科)를 우등으로 졸업하고 (…)

훗날 한국의 과학과 교육을 이끄는 최규남의 첫 등장은 이처럼 야구 선수였다.

1898년 개성에서 태어난 최규남은 어린 시절 윤치호의 아들과 가깝게 지냈다. 최규남은 윤치호가 교장으로 있던 한영서원(韓英書院, 나중에 송도고등보통학교)에서 야구 선수로 이름을 날렸다. 독립협회 간부들에 대한 대대적인 체포가 진행되던 1899년 초, 윤치호는 '산업 학교(industrial school)'를 설립하기 위해 재산 일부를 남감리교회 재단에 기부한다. 1905년 을사조약 이후 모든 공직에서 물러난 윤치호가 이를 종잣돈으로 1906년 개성에 세운 학교가 '한영서원'이다. 설립 목적에 맞게 이 학교는 이공계 교육을 강조했다. 조선에 아인슈타인 붐이 일던 1922년, 촉망받던 고교 야구 선수 최규남은 연희전문 수물과[33]에 입학한다.

당시 연희전문 수물과는 조선에서 유일하게 수학과 물리를 배울 수 있는 곳이었다. 교수진에는 미국 미시간대학에서 물리학 박사 학위를 받은 아서 베커(Arthur L. Becker, 한국명 백아덕)가 있었고, 오하이오 웨슬리언대학(Ohio Wesleyan University)에서 수학 석사 학위를 받은 이춘호[34]가 최규남을 가르쳤다. 연

---

33 수물과(數物科)는 일본에서 유래한 것으로 수학과 물리학을 합친 단어다. 최규남이 연희전문 수물과 재학 중이던 1924년, 이희승이 같은 과에 입학했다. 주시경의 영향을 크게 받은 이희승은 1925년 연희전문을 그만두고 당시 막 개교한 경성제국대학으로 옮겨 문학을 전공하고 한글학자가 되었다.

34 나중에 서울대학교 2대 총장이 되며, 한국인으로는 최초의 총장이다.

희전문의 부총장이었던 백아덕은 1만 달러라는 거금을 들여 일본에서 각종 실험 실습 도구를 수입해 수물과를 개설했다. 1919년 수물과의 첫 번째 졸업생이 탄생하고, 그중 성적이 탁월했던 이원철[35]이 1922년 미국으로 유학, 1926년 미시간대학에서 천문학 박사 학위를 받았다. 우리나라 최초의 이학박사가 탄생한 것이다. 최규남 역시 미국 유학을 결심한다.

1927년 4월 29일 《조선일보》에 대학 스포츠 스타 최규남의 미국 유학 기사가 실린다.

> 왕년 야구 선수로 지난봄 연전(연희전문)을 마티고 그동안 송도고보(송도고등보통학교)에서 교편을 잡든 최규남씨는 수리(수학과 물리)를 더욱 연구하기 위하야 29일 오전 10시 경성역 발 열차로 미국에 유학할 터인바 학교는 오하요주(오하이오주) (…) 체미 동안에도 학과 외에 운동을 계속하리라는데 압흐로 미주의 운동 경기를 본지에 통신하기로 되었다.

기사에서 알 수 있듯이, 조선일보의 관심은 미국에서 운동

---

35 학위를 받고 귀국한 이원철은 연희전문에서 수학과 물리학을 가르치다 1938년 수양동우회 사건으로 교단에서 해임되었다. 해방 후 기상대 설립을 주도했으며, 하와이 동포들의 성금으로 만들어진 인하대학교 공과대학의 초대 학장이 되었고, 말년까지 우리나라 천문학 발전에 이바지했다.

선수로서 활약상과 미국 스포츠 소식을 전해줄 것에 대한 기대였다.

윤치호의 자금 지원으로 유학을 떠난 최규남은 스승 이춘호의 모교 오하이오 웨슬리언대학에서 학부 및 석사 학위를 마치고, 또 다른 스승 백아덕의 모교 미시간대학에서 박사 학위를 시작했다.

1931년 봄, 이화여자전문학교에서 강의하던 성악가 채선엽에게 전혀 모르는 사람이 보낸 항공우편이 도착한다. 발신지는 미국 미시간대학.

저는 미시건대학 물리과에서 피에이치디 과정을 밟고 있는 '최규남'이라는 사람이올시다. 조선에서 온 신문에서 선엽씨에 대한 기사를 읽고 예가 아닌 줄 알면서도 글월을 올리게 되었습니다.

미국으로 유학 간 야구 스타 최규남의 연애는 이렇게 시작되었다.

조선일보의 기대와 달리 그는 물리학에 몰두했고, 스포츠 기사를 전송하기보다 《조선일보》를 보며 외로움을 달랬다. 그러던 어느 날 최규남은 이화여전 채선엽의 인터뷰를 보게 된다. 수석 졸업생 채선엽의 기사가 실렸고, 졸업 후 모교에서

◎ **최규남이 본 것으로 추정되는 1931년 3월 10일 자 《조선일보》.**

당시 대학 졸업생은 극소수였기에 그들의 이야기는 이처럼 일간지를 장식하곤 했다. 그만큼 우리 선조들은 교육에 헌신적이었고, 고등교육을 마친 인재에 기대가 컸으며, 그들이 사회에 진출해 어떤 역할을 할지 주목했다. 한편, 이 기사의 오른쪽에 겨울철 '유행성 독감'에 주의하라는 내용이 있다. 기사 중간에 1919년 전 세계를 휩쓴 '서반아 인플루엔자'가 언급되는데, 인류 최초의 팬데믹으로 기록되는 '스페인 독감'을 말한다.

교편을 잡을 것이라는 내용에 그는 주저 없이 이화여전으로 '사귀자'는 편지를 보낸 것이다.

1932년, 최규남은 물리학 박사 학위를 받고 귀국한다. 모교 연희전문에서 교편을 잡은 그는 옆 학교 채선엽과 데이트를 시작했다. 신문을 보고 편지부터 보낼 만큼 독특했던 야구 선수 출신 물리학 교수 최규남은 데이트도 남달랐다. 장소는 야구장. 송도고등보통학교와 연희전문 시절 야구 이야기를 하며, 치기만 하면 홈런이었다고 음대 교수에게 자랑했다. 엉뚱했지만, 채선엽은 구김살 없는 물리학자 최규남에게 호감을 느낀다. 하지만 결혼은 쉽지 않았다. 채선엽은 대부호 집안의 22세 아가씨였고, 최규남은 홀어머니에 35세 노총각이었다. 채선엽 집안의 반대가 심했다.

둘을 이어준 것은 채선엽의 오빠 채동선이었다. 전남 벌교의 대부호였던 채동선의 아버지는 그를 서울의 경성고등보통학교(현 경기고등학교)로 유학 보냈다. 그리고 채동선은 홍난파에게 바이올린을 배웠다. 그의 인생이 바뀐 것은 3·1운동. 학생으로 적극 참여했다가 문제가 되자 자퇴하고 일본 유학길에 올랐다. 와세다대학 영문과에 입학했지만 그의 관심사는 온통 바이올린이었다. 결국 독일로 음악 유학을 떠났다. 그는 유학 중 무려 3,000원을 들여 바이올린을 구입하는데, 당시 서울 기와집 한 채 가격이 400원이었다. 1929년, 유학을 마친 채동선이 귀국할 때 서울역에는 여동생 채선엽이 이화여전 친구와 함께 마중 나와 있었다. 이후 채동선은 동생을 만난다는 핑계로 이화여전 근처를 맴돌며 동생 친구와 데이트를 시작했다. 이 친구가 채선엽의 이화여전 단짝 이소란으로, 졸업과 동시에 채동선과 결혼했다.

바이올리니스트 겸 작곡가로, 독일 유학파 신세대 지식인이던 채동선은 연희전문 음악 교수인 '절친' 현제명[36]과 함께 최규남과 동생을 응원했다. 두 사람을 이어주는 데 앞장선 또 다른 사람은 모윤숙이었다. 채선엽과 이화여전 동창인 그녀는 어느 날 채선엽을 함경도 원산의 송도원(松濤園)으로 데려간다. 원산은 명사십리(明沙十里)가 잘 알려졌지만 사실 원산 최고의 유원지는 명사십리 옆의 송도원으로, 당시에 이미 골프장까지 갖춘 종합 휴양지였다.

원산에서 태어난 모윤숙은 함흥을 거쳐 개성에서 고등학교를 나왔기에, 개성 출신 최규남과 알던 사이였다. 수영을 좋아하는 채선엽에게 모윤숙이 수영복을 주었고, 채선엽이 수영

---

36 미국 유학 후 귀국해 연희전문 교수로 서양음악 발전에 많은 기여를 했으며, 홍난파와 같이 작곡 발표회를 가지는 등 창작도 활발하게 했다. 나중에 안창호의 수양동우회에서 활동하다 일제에 검거되어 고초를 겪고 전향했다.《친일인명사전》에 등재되었으며, 대표곡으로는 〈고향 생각〉〈산들바람〉〈그 집 앞〉〈희망의 나라로〉〈나물 캐는 처녀〉 등이 있다.

하고 나오니 해변에서 최규남이 그녀를 기다리고 있었다. 둘은 송도원에서 밤 데이트를 즐겼다. 골프장 그린에서 별빛이 비치는 밤바다를 보았다. 갑자기 최규남이 분위기를 잡으며 노래를 시작했고, 채선엽은 재빨리 뒷부분을 받아 불렀다. 최규남의 음정이 불안해 성악가인 그녀로서는 더 이상 듣기 힘들었기 때문이다.

1934년, 둘은 결혼했다. 주례는 현제명이었다. 이 무렵 최규남은 연희전문에서 양자역학 강의를 시작한다. 서양에서조차 낯설던 양자역학을 조선에 알리기 시작한 것이다. 그러나 그는 여전히 스포츠에 미련이 많았다. 1935년 1월 1일《동아일보》는 세계 각국 특집 기사를 마련하는데, 여기서도 물리학 교수 최규남은 대학 스포츠를 이야기했다.

나는 주로 미국의 학원 스포츠 이야기를 하려 한다. 미국의 대학이니 전문 학생 생활에서 운동 두 자를 빼고 나면 아무것도 없다. 우리가 본받을 점이라고 본 것을 몇 가지 말하면 첫재로 선수의 자격이다. (⋯) 성적에 잇어서 'C' 이상이라야 선수로 뽑는다. (⋯) 동양에서는 특례를 주나 이는 선수라면 그 학교를 대표하는 전사인 이상 (⋯) 또 끝으로는 선수에 대한 대우인데 여기서는 흔이 께임을 마치고 나면 의례히 무슨 대접을 받을 줄 알며 운동복이니 주는 줄 아는데 미국서는 그러치 안타. 한 씨슨을 마치고 나서 비로소 한 번의 연회를 열고 운동선수는 학교의 마크를 운동복에 붙이는 것으로 큰 명예를 삼는다. (…) 그리고 한 께임을 끝나면 연구회가 잇어서 이겼든, 젓든 어찌해 젓나 혹은 어떠케 이겼는가를 과학적으로 연구하며 (…) 매우 본받을 점이라고 본다.

최규남이 미국으로 유학을 떠난 무렵인 1928년, 서울에 조선인이 만든 최초의 카페가 등장했다. 그 주인공은 현앨리스. 황진남과 함께 임시정부 외교 활동을 이끌던 현순 목사의 딸인 그녀는 하와이와 미국 본토, 상하이와 서울을 넘나들었다. 현앨리스는 남편과 이혼한 뒤, 영화감독 이경손과 함께 카페 '카카듀'를 열었다. 독일인 마리 앙투아네트 존타크(Marie Antoinette Sontag)가 서울에 '손탁 호텔(Sontag Hotel)'을 세워 커피를 팔기 시작한 이후, '카카듀'는 조선인이 만든 최초의 카페였다.

카카듀라는 이름은 오스트리아 작가 아르투어 슈니츨러(Arthur Schnitzler)가 1899년에 쓴 희곡 〈초록 앵무새(Der grüne Kakadu)〉에서 따왔다. 슈니츨러는 프랑스 좌파들이 모이던 가상의 카페 카카듀를 무대로 1789년 바스티유가 무너지던 그날을 다룬다. 슈니츨러의 독일어 희곡을 읽은 이경손은 여기서 영감을 얻어 카페 이름을 카카듀라고 지었다. 카페 카카듀는 이름에 걸맞게 새로운 세상을 꿈꾸는 문인과 예술인이 모이던 문화 사랑방이었고, 이후 영화감독 나운규와 시인 이상 등에 영향을 주게 된다.

이 무렵, 독일에서 프랑스로 옮겨 학위를 시작한 황진남의 소식을 당시 언론 기사에서 찾을 수 있다. 세브란스 의전 교수 김창세의 프랑스 파리 기행문으로, 나중에 이광수의 상대성 이론 논설이 실리기도 한《동광》의 1926년 8월 1일 기사다.

프랑스로 건너가서 만난 진객은 파리대학에 재학 중인 황진남군과 미국 '델라웨아(델라웨어)'주 장관의 아들 '밀러' 대좌엿습니다. 그리고 '쫀스 헙킨스(존스홉킨스)'에서 동학이던 '비로' 의사를 만나 가티 '베르사이으(베르사유)' 구경을 하엿습니다.

또한《조선일보》는 1928년 파리 유학생들의 근황을 보도하며 황진남이 '수리학(數理學)'을 전공하고 있다고 보도했다.

세브란스 의전을 졸업한 의사 김창세는 공중 보건에 관심이 많았다. 도산 안창호의 부인인 이혜련의 동생 이신실과 결혼한 그는 손위 동서인 안창호의 주치의 역할도 겸하고 있었기에, 황진남과 인연이 되어 파리에서 만난 것이다. 존스홉킨스대학으로 유학을 떠나 한국인 최초로 공중위생학 박사 학

◉ **1928년 조선인 최초로 서울에 카페를 연 현앨리스.**
이 무렵 촬영한 것으로 알려진 사진 속 아기는 그녀의 아들 정웰링턴이다. 북한이 숙청한 박헌영의 재판문에 현앨리스는 박헌영과 미국을 연결하는 고리로 등장한다.

위를 받은 김창세는 당시 유럽 각국을 돌며 서구 선진국의 보건 위생 상태를 참고하고자 했다. 하지만 조선에서 그의 활동은 가로막혔고, 1927년 세브란스 의전을 사직한 뒤 중국을 거쳐 미국 뉴욕에서 활동하게 된다. 가족 없이 보내는 미국 생활에 김창세는 심리적으로 불안정해졌고, 가족과 지인에게 유서를 남기고 1934년 자살한다. 그의 나이 42세였다.

한편, 경영난으로 카카듀가 문을 닫자 미국에서 사회주의 운동을 하던 현앨리스는 1945년 미군 자격으로 다시 서울에 오게 된다. 미국 정보 당국은 해방공간에서 박헌영, 여운형 등과 접촉하던 그녀를 1946년 미국으로 돌려보냈다. 미국에 반공산주의 움직임이 시작되자 그녀는 UCLA 의대생이던 아들 정웰링턴과 1949년 체코로 향한다. 그곳에서 그녀는 북한으로 들어가고, 아들은 체코에 남아 프라하에서 의대를 다녔다. 하지만 현앨리스는 박헌영과 함께 숙청된다. 미국은 그녀가 공산주의자 박헌영과 교류한다고 추방했고, 북한은 미군이던 그녀와의 친분을 구실로 박헌영을 미국 간첩으로 몰았다.

체코에 남은 현앨리스의 아들 정웰링턴은 의사가 되어 체코 여인과 결혼하지만, 공산당의 감시를 견디다 못해 1963년 자살했다. 현순 목사는 1963년 건국훈장 독립장이 추서되었지만, 그의 딸 현앨리스의 이야기는 정병준 교수의《현앨리스와 그의 시대》(2015년)에서야 다시 조명된다. 현순 목사의 아들이자 현앨리스의 동생이며 뉴욕 브로드웨이에서 연출가로 활동하던 현피터의 이야기는 연극〈에어컨 없는 방〉(2017년)에서 다루어졌고, 정웰링턴의 이야기는 최근 정지돈 작가의《모든 것은 영원했다》(2020년)로 재현되었다.

브나로드운동과 이태규, 지식인의 좌절

브나로드운동과 이태규, 지식인의 좌절

第一回 學生夏期브나로드運動

男女學生總動員·休暇는奉仕的으로

第一 學生啓蒙隊

種目 (一)朝鮮文講習 (二)數字講習

第二 學生講演隊

種目 (一)衛生講演 (二)學術講演

第三 學生記者隊

種目 (一)紀行日記 (二)藝鄕風景 (三)故鄕通信 (四)生活體驗

隊員募集規程

朝鮮學界의 喜消息

第二回水泳講習會

最初理學博士

郵便物米突法 ◇八月一日부터實施

會寧의對岸에 武裝共産黨

最初理學博士

경도제대 조수로 잇는이

◇篤學者李泰圭氏

박사의 학위를 바든 사람이 의학에 만은 七八년이래 퍽지 안케 배출하지마는 다른과학에는 아즉한사람도 업더니 어번에 리학(理學博士)의 학위를어든 사람이 생기엇다

경도(京都)제국대학 리학부 화학교실에 조수(助手)로 잇는 리태규(李泰圭)씨는 어번에 그론문이 경대교수회에서통과되엇슴으로 불일 문부성에서 정식으로학위를엇게될것이다 씨는 본시 충남레산(禮山)태생으로 그곳공보를졸업하고 경성 관립 고등보통학교와 동사범과와 광도(廣島) 고등사범 리과에서 물리화학을 전공하고 경도제대 리학부화학과를 소화 二년에졸업하고이래리학부조수로잇는수재이다(사진은리박사)

1931년 7월 20일 자《동아일보》. '브나로드운동'의 시작을 알리는 기사가 당시로는 생소한 컬러 인쇄로 찍혔다. 그리고 그 아래에는 '최초 이학박사'라며 이태규가 교토제국대학에서 화학박사 학위를 받았다는 기사가 실렸다. 이태규의 학위에 대한 자세한 내용은 아래쪽 사진에 있다. '최초의 이학박사'라는《동아일보》기사는 오보다. 조선인 최초의 이학박사는 앞서 언급한 바와 같이 1926년 미국 미시간대학에서 천문학 박사 학위를 받은 이원철이다. 1902년에 태어난 이태규는 경성고등보통학교를 졸업하고 1920년 일본 히로시마 고등사범학교에 입학했다. 이때 이 학교에는 경성고등보통학교 선배 최윤식이 재학 중이었다. 최윤식은 1922년 도쿄제국대학 수학과에 진학하고, 이태규는 1924년 교토제국대학 화학과에 진학했다. 한국인 최초의 화학 박사가 된 이태규는 식민지 시절임에도 교토제국대학 교수가 되었고, 이후 화학에 양자역학을 도입한 '양자화학' 분야에서 세계적인 석학으로 성장했다. 그는 해방과 한국전쟁의 혼란 속에도 수많은 후학을 양성하며 한국 과학 발전의 토대를 만들었다. 한편, 이태규의 동생 이홍규는 정치인 이회창의 아버지다.

1920년대만 해도 일본은 '다이쇼 데모크라시'라고 불리는, 자유주의가 팽배한 민주주의 사회였다. 메이지 천황에 이어 즉위한 다이쇼 천황 시대의 일본 지식인들은 의회정치를 통해 군부를 제어하고 있었다. 박열과 그의 아내 가네코 후미코가 재판 중에 보인 과감한 행동은 이런 배경에서 가능했다. 하지만 1930년대 전 세계로 퍼진 대공황은 일본과 식민지 조선에도 몰려들었다. 지식인 계층도 별 볼 일 없었고, 유학파 고학력 실업자가 거리에 넘쳐났다. 당시 나치의 괴벨스 역시 하이델베르크대학 박사 출신 실업자였다.

　　1932년 1월 8일, 이태규가 박사 학위를 받은 얼마 뒤 일본 역사상 초유의 사건이 벌어진다. 다이쇼 천황에 이어 즉위한 쇼와 천황 히로히토에게 이봉창 의사가 폭탄을 던진 것이다. 비록 실패했지만, 이 사건으로 일본 내각이 총사퇴하며 온건 의회주의자들의 입지는 좁아진다. 군부가 행동에 나섰다. 1월 28일 상하이사변을 일으켜 중국을 밀어붙이지만 곧이어 4월 29일 윤봉길 의사의 의거로 점령군 수뇌부가 붕괴한다. 밀리면 안 된다고 판단한 일본 군부는 5월 15일 쿠데타를 일으켜 수상을 사살하고, 일본의 정당정치가 무너진다. 이로부터 일본은 제동이 걸리지 않는 군국주의 국가가 되었다. 그리고 서구와 대결을 마다하지 않던 군부는 전면적인 중일전쟁으로 경제공황에서 탈출을 시도했다.

이봉창, 윤봉길 의사의 두 사건은 모두 대한민국임시정부가 일으킨 것이다. 당시 대한민국임시정부는 유명무실한 존재였고, 이봉창이 임시정부 요인들에게 밥을 사주는 형편이었다. 이런 상황에서 그의 거사는 비록 실패했지만 엄청난 반향을 불러일으킨다. 일본 내각이 총사퇴하고, 수많은 경찰이 징계받았다. 이 상황에서 3개월 뒤 결정적인 윤봉길의 거사가 이루어진 것이다. 독립 자금이 다시 모이기 시작했으며, 장제스는 대한민국임시정부를 다시 보기 시작했다.

채만식의 〈레디메이드 인생〉(1934년)은 이 시대를 그린 작품 중 하나다. 여기에는 주인공 P에게 농촌계몽 활동을 권유하는 인텔리 사장이 등장한다. 고학력 실업자 주인공은 아래와 같은 말로 브나로드운동에 대해 직격탄을 날린다.

지금 조선 농촌에서는 문맹 퇴치니 생활 개선이니 합네 하고 손끝이 하얀 대학이나 전문학교 졸업생들이 몰려오는 것을 그다지 반겨하기는커녕 머릿살을 앓을 것입니다. 농민이 우매하다든지 문화가 뒤떨어졌다든지 또 생활이 비참한 것의 근본 원인이, 기역니은을 모른다든가 생활 개선을 할 줄 몰라서 그런 것이 아니니까요. 그리고 조선의 지식 청년들이 모두 그런 인도주의자가 되어집니까?

먹고사는 현실적인 생계 문제는 독일 바이마르 체제를, 일본 다이쇼 데모크라시를, 심지어 조선의 지식인 사회까지 급격히 우경화시키고 있었다. 아마 심훈의 《상록수》(1935년)는 이런 지식인 사회의 변절과 비관에 반전을 꾀하려는 의도였을 것이다.[37] 식민지 지식인 이태규는 이런 상황에서 교토제국대학에서 박사 학위를 받았다. 그의 장래도 그렇게 밝은 것은 아니었다.

당시 지식인의 좌절은 이상의 시에서 찾아볼 수 있다. 본명이 김해경인 시인 이상은 경성고등공업학교 건축과를 수석 졸업하고 조선총독부 건축과에 근무하던 이공계 인재였다. 난해하기로 유명한 이상의 《건축무한육면각체》(1932년)는 연작시다. 그중 우리에게 잘 알려진 것은 첫 번째 〈Au Magasin de Nouveautés〉, 즉 '새로운 것들의 상점에서'라는 제목이다. 이 시는 당시 식민지 조선에 경쟁적으로 들어서기 시작한 '백화

---

37 소설 《상록수》의 배경은 현재 안산 지역인데, 안산시는 분구하면서 《상록수》의 배경 도시임을 명확히 하기 위해 상록구라는 이름을 붙였다. 안산시의 나머지 한 구는 단원구이며, 단원 김홍도의 고향이라는 의미가 담겼다. 한편, 소설 《상록수》에는 찬송가 〈삼천리반도 금수강산〉이 등장한다. 이 곡은 이탈리아 작곡가 도니제티(Domenico Gaetano Maria Donizetti)의 대표 오페라 〈람메르무어의 루치아〉 중 결혼 축가를 미국에서 찬송가로 불렀던 것에 남궁억이 한글 가사를 붙인 것이다. 이 곡이 《상록수》의 인기와 함께 민족의 각성을 촉구하는 노래로 확산하자 1937년 일제는 이를 금지하기에 이른다.

점'에 대한 단상을 이야기한다. 1904년 일본에 최초의 백화점을 연 미쓰코시는 1930년 서울에도 백화점을 세웠는데, 이 건물이 현재의 신세계 백화점 본점으로, 1933년을 배경으로 한 영화 〈암살〉(2015년)의 무대로 등장한다. 조선인 재벌 박흥식도 1932년 화신 백화점을 세웠다. 이로써 1930년대 인구 30만의 서울에는 미쓰코시, 화신을 비롯해 조지야, 미나카이, 히라다 등 무려 5개의 백화점이 자리 잡게 된다.

《건축무한육면각체》에서 다음과 같은 대목이 눈에 띈다.

쾌청의공중에붕유하는Z伯號. 회충양약이라고쓰여져있다.

여기서 "Z伯號"는 1929년 8월 18일 일본 도쿄에 도착한 독일 초대형 비행선 '체펠린(Zeppelin)'을 말한다. 무려 1만 2,000킬로미터를 나흘 만에 주파한 이 괴물에 사람들은 놀랐다. 게다가 이 비행선은 도쿄를 거쳐 태평양을 건너 미국을 횡단하고 지구를 한 바퀴 돌아 다시 독일로 돌아갔다. 1929년 8월 21일 《조선일보》에 실린 체펠린호 이야기는 식민지 조선을 강타했다. 마치 1922년 도쿄를 방문한 아인슈타인처럼 일본이 서구와 어깨를 나란히 하고 있음을 보여주는 사건이었다.

시인 이상은 시대의 변화를 예민하게 받아들이고 있었다. 미쓰코시 백화점과 마찬가지로 식민지 지식인을 충격에 빠뜨

◎ 도쿄 상공을 비행하는 체펠린호를 보도한 1929년 8월 21일 자 《조선일보》. 체펠린호 사진 위에 "못된 병은 손에서 전염된다"라며 손 씻기를 강조하는 기사가 인상적이다.

린 도쿄의 체펠린호를 '시'로 기록한 것이다. 그런데 '회충약'이라는 표현이 궁금해진다. 당시 체펠린호는 일본 사회도 흔들었다. 첨단 과학기술의 상징이었기에 각종 광고에 사용되었는데, 하필이면 그중에 회충약도 있었던 것. 시인 이상은 이 틈을 파고들었다. 서구 과학 문명은 때로는 제국주의를 만들었고, 어쩌면 식민지의 고통은 과학이 권력화된 이데올로기가 배경이었을지도 모른다. 낙후된 조선의 지식인들은 그저 무기력하게 체펠린호의 도쿄 방문을 쳐다볼 수밖에 없었고, 기껏해야 '회충약'이라 비꼬며 저항할 뿐이었다.

체펠린호와 미쓰코시 백화점에 식민지 지식인들이 좌절하는 동안, 이상의 동년배 일본 물리학자가 놀라운 발표를 한다. 그의 이름은 유카와 히데키. 이상의 시 〈삼차각 설계도: 선에 관한각서 1〉(1931년)에는 이런 대목이 나온다.

고요하게나를전자(電子)의양자(陽子)로하라

여기서 양자는 '量子(quantum)'가 아니라 '陽子'로 표기되어 있어, 양성자(陽性子, proton)를 의미한다. 이 시를 쓸 무렵 원자는 전자와 양자로 구성되어 있다는 것이 알려졌고, 시가 발표되고 한 해 뒤인 1932년에는 중성자도 발견된다. 문제는 양성자와 중성자만으로 이루어진 원자핵이 어떻게 안정적일 수 있는가였다. 이를 설명하려면 이들을 붙잡고 있는 힘을 가진 새로운 입자가 필요했고, 유카와 히데키는 이 입자의 존재를 수학적으로 예측하고 '중간자'라고 이름 지었다. 그리고 실험으로 발견되어 노벨상을 받았다.[38]

1907년생인 유카와 히데키는 1910년생 시인 이상과 동년배였다. 이미 100년 전, 일본은 이런 나라였다. 그렇기에 이상은 자신을 '박제된 천재'라며 시대를 한탄했을 것이다. 이처럼 과학으로 시대를 극복하려던 지식인들은 한계를 절감할 수밖에 없었다. 하지만 어떻게든 뭔가를 해보려는 움직임은 여러 방면에서 시도되었고, 그중 단연 주목받은 것은 스포츠였다.

상하이를 거점으로 활동하던 여운형이 체포된 것은 야구 시합 때문이었다. 만능 스포츠맨이었던 여운형은 특히 야구를 좋아했는데, 1912년 한국 최초의 야구단인 YMCA 야구단[39]을 이끌고 일본 원정을 떠나기도 했다. 일본 대학들과의 경기에

---

[38] 일본 이공계 교육 풍토를 완전히 바꾼 사람은 일본 물리학계의 대부 니시나 요시오였다. 그는 유학 가서 코펜하겐대학의 닐스 보어에게 배우며 교수와 학생의 동등한 토론 문화를 일본 이화학연구소(리켄)에 이식했다. 닐스 보어(Niels Bohr, 1885~1962)는 양자역학의 성립에 중요한 역할을 한 덴마크 물리학자로, 1922년 노벨 물리학상을 받았다. 니시나 요시오는 1923년부터 닐스 보어에게 배웠다. 당시만 해도 일본 학계는 교수, 학생의 위계질서가 엄격했다. 이렇게 니시나가 일본으로 귀국해 키운 제자가 유카와 히데키와 도모나가 신이치로다. 두 사람은 각각 1949년, 1965년에 노벨상을 받았다. 참고로, 유카와와 도모나가 두 사람은 고등학교, 대학교 동기다.

[39] 이들의 이야기는 2002년 영화 〈YMCA 야구단〉의 배경이 되었다.

서 큰 점수 차로 패하기는 했지만, 당시 이들의 경기는 일본에 유학 중인 한인 학생들을 크게 고무시켰고, 여운형은 이 원정을 통해 국제 스포츠 경기의 중요성을 인식하게 된다. 여운형은 독립운동에 몰두하던 상하이에서도 야구를 즐겨 코치를 맡기도 하고, 유학생들을 모아 팀을 만들기도 했다. 이렇게 모인 선수 중에는 문인 주요한도 있었다. 여운형은 나중에 유학생 축구팀까지 만들어 동남아 원정을 떠나 국제경기도 했다.

3·1운동의 주동자로 1920년대 상하이에서 독립운동을 이어가던 여운형은 요주의 대상이었다. 그를 체포하려던 일본 당국은 여운형이 감시와 도피 생활 중에도 반드시 짬을 내어 정기적으로 야구 관람을 한다는 정보를 입수한다. 1929년 상하이에서 야구 경기를 보던 여운형은 그를 포위한 일본 경찰에 체포되어 국내로 압송되었다. 이후 여운형은 해방 후까지 국내에서 활동하게 되는데, 그의 독립운동 중심에는 여전히 스포츠가 있었다.

야구 관람 중에 체포된 여운형은 1933년 옥살이를 마치고 조선중앙일보 사장이 되었다. 1934년 시인 이상이 문제작 〈오감도〉를 발표한 신문이 《조선중앙일보》였다. 이해 불가의 작품이라 독자들의 항의가 빗발쳤지만, 15회나 연재될 수 있었던 것은 《조선중앙일보》의 실험적이고 자유주의적인 분위기 때문이었다. 우리나라 일간지 최초로 스포츠 면을 따로 만든 것이 이 신문이기도 했다. 그 무렵 조선체육회 회장 자리에 있던 윤치호는 만능 스포츠맨 여운형에게 여러 체육 단체를 맡긴다.

당시 조선체육회의 가장 큰 이슈는 1936년 베를린 올림픽에 출전할 조선인의 선발이었다. 이때 일장기를 달고 나가야 할지 망설이던 손기정은 여운형에게 조언을 구했고, 여운형은 반드시 참가하라고 격려했다. 손기정이 금메달을 따자 일장기 말소 사건으로 여운형이 사장을 맡고 있던 조선중앙일보는 자진 휴간했다가 폐간되었고, 동아일보는 무기 정간 처분을 받고 여러 직원이 구속되는 고초를 겪은 뒤 겨우 속간될 수 있었다. 이 사건으로 여운형은 올림픽의 영향력을 실감한다. 하지만 조선체육회는 결국 강제 해산되었다.

이때 빙상 스포츠에도 스타가 탄생한다. 대한민국임시정부에서 독립운동을 주도한 손정도 목사의 자녀가 그 주인공이었다. 손 목사는 안창호가 이끌고 여운형, 황진남, 신익희가 참여한 대한민국임시정부 의정원 의장이었다. 1935년 베이징 대회 우승 이후 이화여전에 진학한 손인실은 국내 빙상계를 주름잡는다. 매년 신기록을 스스로 경신하고 그때마다 신문에 그녀의 근황이 대서특필되었다. 당시 손인실은 조선 최고의 스케이트 선수에다가, 이화 메이퀸으로도 이름을 날렸다.

손정도 목사는 독실한 기독교인이던 김형직 부부와 친분이 있었다. 손 목사는 부부가 사망하자 그들의 어린 아들을 거두

◎ 베이징 빙상 경기에서 우승한 조선 젊은이들을 보도한 1935년 2월 6일 자 《조선일보》.

'북중국의 빙상계를 조선 건아들이 정복, 경탄할 손씨 남매의 활약'이 기사 제목이다. 여기서 손씨 남매는 대한민국임시정부를 이끈 독립운동가 손정도 목사의 아들 손원태와 딸 손인실이다.

◎ 당시 빙상 스타 손인실을 보도한 신문들.

손인실은 같은 빙상 선수 출신으로 세브란스 의전에 재학 중이던 문병기와 1939년 결혼했다. 두 사람의 결혼도 당시에는 화제였다. 나중에 문병기는 미국에서 정형외과 전공의 과정을 마치고 1953년 귀국해 세브란스 의과대학에 우리나라 최초로 독립된 정형외과를 만들고, 1956년에는 대한정형외과학회를 창설해서 한국전쟁으로 인한 환자 치료에 큰 공헌을 했다.

어 키우게 된다. 이 아들이 바로 김일성이다. 여기서 김일성은 손 목사의 자녀인 손원일, 손원태, 손인실을 만나게 된다. 특히 또래인 손원태, 손인실과는 친하게 지냈다.

하지만 한국 근현대사의 소용돌이 속에 이들의 운명은 엇갈린다. 손 목사의 장남 손원일은 해방 후 대한민국 해군을 창설해 한국전쟁에서 김일성에게 맞섰다. 친일파로 공격받아 해방 정국에 힘든 삶을 살던 안중근 의사의 아들 안준생을 거두어준 사람도 손원일 제독이다. 공병우의 타자기를 도입해 정전 협정문을 한글 타자기로 작성하게 만든 사람 역시 손 제독이다.

나중에 김일성은 1970년대 적십자회담에서 남한 대표단에 손인실의 안부를 물었다고 한다. 그 후에도 인실, 원태 두 사람의 소식을 찾던 김일성은 마침내 1991년 미국에서 의사로 지내던 손원태와 연락이 되자 평양으로 초청했다. 그 후 둘은 매년 평양에서 만났다. 1994년 7월 김일성이 사망하자 김정일은 상중임에도 한 달 뒤 8월, 아버지를 대신해 손원태의 80회 생일잔치를 평양에서 열었다. 같은 해, 손원일의 아들 손명원 쌍용 사장이 평양을 방문하기도 했다.

1980년 사망한 손원일은 동작동 국립묘지에, 1999년 사망한 손인실은 뉴욕에, 2004년 사망한 손원태는 평양 애국열사릉에 안장되며 손정도 목사의 세 남매는 모두 다른 나라에 묻혔다.

양자역학의 도입

1935년 4월 19일 제2회 과학데이의 자동차 행진(위《동아일보》, 아래《조선일보》기사). 과학데이를 알리기 위해 수십 대의 자동차가 현수막을 내걸고 시내를 누볐다. 이들 행진에 합세한 군악대는 시인 김억이 작사하고 홍난파가 작곡한 〈과학의 노래〉를 연주했다. 이들이 외친 "한 개의 시험관은 전 세계를 뒤집는다"라는 구호가 전국을 뒤덮었다. 과학을 누구나 알게 하면 사람들이 바뀌고, 세상이 바뀌면 독립도 가능하다고 믿었다.

1934년 4월 19일 서울 시내는 '과학데이'라는 행사로 들썩였다. 발명학회를 이끌던 김용관은 찰스 다윈의 50주기인 1932년 4월 19일 전 세계에서 과학 행사가 열리는 것에 자극받아 이날 대중 과학 운동을 벌인 것이다. 사람들의 호응은 엄청났고, 발명학회는 이해 7월 5일 '과학지식보급회'라는 새로운 조직을 만든다. 회장 윤치호, 부회장 이인 그리고 고문으로 여운형, 방응모, 김성수 등이 지도부를 구성하고 실무는 김용관이 맡았다. 1935년 4월 19일 제2회 과학데이의 규모는 더욱 커졌다. 무려 54대의 자동차가 현수막을 걸고 시내를 누볐으며, 홍난파가 작곡한 〈과학의 노래〉를 군악대가 연주했고, 토론과 강연, 활동사진 상영이 이어졌다. 1923년 상대성이론을 강연했던 도쿄제국대학 수학과 출신 최윤식을 비롯해 최규남의 스승 이춘호, 한글을 과학으로 설명한 이극로 등 조선 최고의 과학자들이 연구 위원으로 과학데이 세부 프로그램을 기획했다. 이들은 막 귀국한 미국 박사 최규남을 강연자로 합류시킨다.

그들은 전문가 몇 명이 과학 발전을 이끌어갈 것이 아니라, 조선 사람 모두가 과학을 알도록 보급해야 한다고 생각했다. 1933년 우리나라 최초의 대중 과학 잡지인 《과학조선》이 탄생한 것도, 제1회 과학데이가 크게 성공하자 발명학회를 주축으로 만들어진 '과학지식보급회'가 이후 과학데이 운동을 주도한 것도 모두 같은 맥락이었다. 이러한 대중 과학 운동으로 1935년 조선 전역에 발명 붐이 일어나 '과학데이'를 기점으로 특허 출원이 무려 5배나 증가하게 된다.

다음 해인 1936년 드디어 조선에 양자역학이 알려지기 시작했다. 이를 소개한 주인공은 최규남과 도상록이었다. 1923년의 '상대성이론' 전국 순회강연도 그렇지만, 이 무렵 대중 과학 운동이 보급한 지식의 수준은 꽤 높았다. 그들은 교양 과학뿐 아니라 당시 최신 과학 이론도 소개한 것이다.

1903년 함흥에서 태어난 도상록은 1919년 3·1운동으로 투옥되기도 한 열혈 청년이었다.[40] 하지만 이 사건의 여파로 상급 학교 진학에 어려움을 겪자, 일본 유학을 떠나 1930년 도쿄제국대학 물리학과를 졸업한다. 도쿄 유학 시절에는 함흥출신 학생들의 모임을 만들어, 방학에는 고향에서 강연회를 조직하기도 했다. 이 모임에는 함흥에서 학창 시절을 보내고 당시 이화여전에 다니던 모윤숙도 있었다.

1931년 여름, 도쿄제국대학 조수로 근무하던 도상록은 흥남에서 '상대성이론' 대중 강연에 나선다. 역시나 대성황이었

---

40 같이 투옥된 함흥 근처 홍원 출신의 도상봉(1902~1977)은 도상록과 같은 항렬의 12촌으로 이후 도쿄미술학교를 졸업하고 귀국하여 한국의 대표적인 서양화가로 성장했다.

다. 그런데 이 강연을 들은 한 방청객이 불만에 가득 차《조선일보》에 이렇게 투고했다.

> 과연 강연이란 것은 자긔의 아는 것을 일반에게 자랑하자는 것이 목적이 아니고 자긔가 아는 것을 일반에게 알리기 위하여서 하는 것이라면 위선 청중을 본위로 하고 연제를 걸 것이며 강연도 하여야 될 것이다. 그럿타면 이번 강연회의 청중은 엇던 사람이엿든가? 내호(內湖, 흥남 지역)라면 세상이 다 아는 바와 가티 노동지대(노동 지역)인 관계상 다수의 노동자와 그 밧게 소시민층이 자리를 점령하고 잇섯든 것은 사실이 아닌가? 그럼에도 불구하고 상대성원리라는 연제를 걸고 학자연(學者然)하게 도도히 말한다면 그 얼마나 효과를 볼 것인가? 그들은 벌서 학자나 박사를 요구하지 안흔지 올래고 오직 한마듸라도 자긔들의 피와 살이 되는 것을 절실히 늣기고 잇는 것이다.

당시 흥남은 1927년 비료 공장 설립을 계기로 급성장하던 신흥 공업 도시였다.[41] 하루하루 살아가야 하는 식민지 노동자의 현실은 상대성이론을 듣고 한가히 시공간의 물리학을 논하고 있을 수는 없는 노릇이었다. 그들에게 '먹고사니즘'은 생존의 문제였고, 상대성이론은 최신 과학이었지만 그들에게 너무 무력했다. 도상록 역시 이 문제에 대해 뼈저리게 깨닫고, 홍남에 야학을 세워 돈이 없어 제대로 된 교육을 받지 못하는 수많은 사람을 위해 노력하고 있었다. 하지만 이 역시 어려움을 겪는다. 게다가 1930년대 초, 전 세계를 휩쓴 경제공황은 고학력 실업자를 양산하고 있었고, 결국 도상록은 일본에서 원하던 연구원 자리를 얻지 못하고 귀국한다. 그는 최규남이 졸업하고, 한때 교사로 근무하던 송도고등보통학교에서 교편을 잡았다. 그리고 여기서 양자역학 연구를 시작한다.

1930년대, 세계 과학계의 트렌드는 단연 양자역학이었다. 1932년 하이젠베르크,[42] 1933년 디랙[43]과 슈뢰딩거[44]가 노벨상을 받으며 양자역학에 대한 아인슈타인의 회의적인 시각에도 양자론은 서서히 자리 잡고 있었다. 이를 놓치지 않고 재빨

---

41 화학비료 생산에는 많은 전력이 필요하므로, 홍남 비료 공장은 부전강 수력발전소 때문에 가능했다. 홍남 비료 공장을 지은 일본 질소비료 주식회사가 부전강을 시작으로 한반도에 여러 수력 발선소를 세운 것은 이 때문이다.

42 독일 물리학자 베르너 하이젠베르크(Werner Heisenberg, 1901~1976)는 양자역학의 선구자 중 한 사람으로 '불확정성원리'로 유명하다.

43 영국 물리학자 폴 디랙(Paul Dirac, 1902~1984)은 양자역학의 초기 개척자로, 뉴턴이 맡았던 케임브리지대학의 루커스 수학 석좌 교수를 역임했다.

44 오스트리아 물리학자 에르빈 슈뢰딩거(Erwin Schrödinger, 1887~1961)는 슈뢰딩거방정식으로 양자역학에서 중요한 정보들을 제공할 수 있었고, 양자역학의 사고실험인 '슈뢰딩거의 고양이'로도 유명하다.

리 양자론을 흡수한 조선의 과학자들은 1920년대를 주름잡던 아인슈타인의 상대성이론을 낡은 '고전물리학'으로 규정하며, 인과율의 부정 및 불확정성원리라는 새로운 패러다임의 등장을 알렸다.

1920년대 상대성이론이 조선을 휩쓸었듯이 조선의 지식인들은 새로이 떠오르는 양자역학 도입에도 과감했다. 대중 잡지였던 《별건곤》이 1934년 1월 세계 과학계의 최대 존재는 아인슈타인의 상대성이론과 막스 플랑크의 양자론이라고 소개한 이래 당시 신문들은 이를 둘러싼 논쟁도 보도했다. 1935년 7월 9일 《동아일보》는 '상대성원리의 비약'에서 아인슈타인이 두 이론의 통합에 노력하고 있다고 보도하고, 이어 10월 4일 '양자론에 관한 논쟁' 기사에서는 그해 가장 뜨거운 이슈였던 아인슈타인과 닐스 보어의 논쟁을 비교적 상세히 알렸다.

당시 우리 언론이 보도한 이 논쟁은 아인슈타인(Einstein), 포돌스키(Podolsky), 로젠(Rosen)이 1935년 5월 15일 《미국물리학회지》에 '물리적 실재에 대한 양자역학의 서술은 완전하다고 볼 수 있을까?'라는 제목으로 양자역학을 공격하며 시작되었다. 나중에 세 사람 이름의 첫 글자를 따서 'EPR 역설'이라고 부르게 되는 이 주장에 닐스 보어가 반박하며 세계 물리학계의 대논쟁이 벌어진 것이다.

그 요지는 이렇다. 1광년 정도 멀리 떨어진 두 입자가 '양자

얽힘(quantum entanglement)'일 때, 한쪽의 상태가 결정되면 나머지의 상태가 자동으로 결정되므로, 어떠한 정보의 전달도 빛의 속도보다 빠를 수 없다는 상대성이론과 모순된다는 것이다. 이 논쟁은 꽤 오래가 한참이 지난 1964년, 영국 물리학자 존 스튜어트 벨(John Stewart Bell)이 EPR 역설이 맞는다면 '벨 부등식(Bell's Inequality)'을 만족해야 함을 보였다. 이후 알랭 아스페(Alain Aspect), 존 프랜시스 클라우저(John Francis Clauser), 안톤 차일링거(Anton Zeilinger) 등의 학자들이 벨 부등식을 검증하는 실험을 고안해 결국 양자 얽힘이 맞는다는 것을 증명했고, 그 공로로 이들에게 2022년 노벨 물리학상이 주어졌다.

이처럼 식민지 지식인들은 EPR 역설에 대한 논쟁을 시작부터 알고 있었다. 그리고 도대체 아인슈타인에 맞선 양자역학이 무엇인지 궁금해했다. 여기에 응답하여 같은 땅에 사는 엘리트 과학자들이 그 실체를 대중에게 상세히 소개하기 시작한다. 1936년 2월 8일부터 15일까지 최규남은 '신흥 물리학의 추향'이라는 6편의 시리즈를 《조선일보》에 기고하면서 양자역학의 최신 동향을 소개한다. 그의 시각은 시리즈의 첫 문장에 잘 드러난다.

최근 이십 년간의 물리학 발전은 실노 녯것을 보내고 새것을 맞기에 무가지감이 잇다. 나날이 발전되는 신이론은 또다시

신이론 출현의 동인이 되여 물리학사상에 보기 드문 위관을 정하게 되엿다. 일즉이 전 세계 과학에 일대 혁명적 센세이슌을 일으킨 아인스타인의 상대성이론도 어언간에 고전물리학으로 귀결되엿고 현대물리학계에 가장 새로운 이론은 '뿌라크리(드 브로이[45])', '쉬레덴가(슈뢰딩거)', '하이센벨크(하이젠베르크)', '드랙(디랙)', '풀랑크(플랑크)' 여러 사람의 파동역학(wave mechanics), 양자역학(quantum mechanics) 및 양자론(quantum theory) 등이라고 하겟다. (⋯) 인간의 사상사가 생긴 이래 철칙으로 미더오는 인과율도 조상지육[46]이 되엿고 따라서 자연과학의 기초적 개념에까지 동요를 주게 되엿다.

이어진 기사에서 그는 우선 미립자 성과들을 열거했다. 우라늄, 라듐 등의 방사선과 알파입자를 이용한 러더퍼드[47]의 실험, 기름 방울을 이용한 밀리컨(Robert Andrews Millilcan)의 전자전하량 측정 등을 상세히 설명한다. 최규남은 이를 바탕으로 맥스웰의 전자기학에서 볼츠만[48]의 복사법칙에 이르는 물리학적 성과를 열거하고, 여기서 플랑크가 흑체복사의 기본

---

45 프랑스 물리학자 드 브로이(Louis de Broglie, 1892~1987)는 입자와 파동의 이중성을 제안해 양자역학 이론의 핵심을 구축했고, 그 공로로 1929년 노벨 물리학상을 받았다.

46 조상지육(俎上之肉)은 '도마 위에 오른 고기'라는 뜻으로 죽음이 눈앞에 닥친 운명이라는 의미다.

단위로 불연속적인 '양자(quantum)'를 도입했다며 E = hv로 표시되는 양자역학의 배경을 정확히 설명한다.

이 자연현상의 비밀은 우연히 1900년에 독일학자 '풀랑크'의 손으로 해결하게 되였다. 그는 소위 양자(量子, Quanta)라 하는 신물리학의 기초적 양을 발견하야 장파장과 단파장에다 부합하며 따라서 응용키 가능한 수학적 공식을 발명한 것이다. (…) 몽상치도 못한 이 불가사의의 양자(量子)라는 것이 무엇인가? (…)

즉 복사에너지가 복사 혹은 흡수될 때에 반다시 그 진동수 ν에 비례하는 일정량 hv의 정수 배로 된다는 것이니 이 일정량 hv를 에너지 양자(量子)라고 부른다. h는 풀랑크의 세계적 상수니 혹은 작용 양자라고도 명한다. 환언하면 에너지는 비상이 미소한 유한량의 종극요소 즉 에너지 양자로 조성되엿다는 것이다.

---

47 뉴질랜드 태생의 영국 물리학자 어니스트 러더퍼드(Ernest Rutherford, 1871~1937)는 우라늄 연구에서 알파선과 베타선을 발견하고, 알파입자가 헬륨의 원자핵이라는 사실을 밝힌다. 여기서부터 원소는 고정불변이 아니라 붕괴하고 변환될 수 있다는 핵물리학이 탄생한다. 1908년 노벨 화학상을 받았고, 사후 웨스트민스터 사원의 뉴턴 옆에 묻혔다.

48 루트비히 볼츠만(Ludwig Boltzmann, 1844~1906)은 오스트리아 출신의 물리학자로, 통계열역학을 이용해 엔트로피를 S = k logW로 정의했다.

1936년 2월 15일까지 연재된 최규남의 기사에 이어 2월 16일부터는 도상록의 과학 연재 기사가 《조선일보》에 등장한다. 당시 송도고등보통학교는 비록 대학은 아니었지만, 최규남 역시 교사로 근무했던 명문 학교였다. 도상록은 교사 신분으로 1935년 '일본수학물리학회(日本數學物理學會)'에서 양자역학 논문을 발표했다. 이처럼 교사이지만 최신 물리학 연구도 병행하던 그는 최규남보다 더 구체적이고, 깊이 있는 이야기를 꺼낸다. 우선 1935년 노벨 물리학상 수상자인 영국의 '제임스 채드윅(James Chadwick)'에 대해 2회에 걸쳐 소개한다. 채드윅의 업적은 중성자의 발견이다. 도상록은 일반인을 위해 당시 채드윅이 근무하던 케임브리지대학의 캐번디시 연구소(Cavendish Laboratory)부터 설명한다.

캐번디쉬 연구소라는 것은 영국에 유명한 침묵의 실험물리학자 캐번듸쉬(헨리 캐번디시)[49]를 기념하는 뜻도 포함해서 1870년에 데본쇠어 공(公) 캐번듸쉬(헨리 캐번디시의 후손)의 기부와 대(大)물리학자 막스웰(맥스웰)의 지도하에 건설한 켐부릿치(케임브리지)대학 부속 물리학 실험실인데, 역대의 대물리학자가 이 연구소의 소장이 되어 잇섯다. 현재는 원자물리학의 거인 라다포―드(러더퍼드)가 소장재에 잇다. 라다포―드 시대의 캐번듸쉬 연구소는 원자핵에 대한 실험적 연구로

써 빛나는 특색을 지은 것이다.

앞서 최규남은 러더퍼드의 실험으로 시작해 원자핵 구조에 대한 당시 연구 동향을 소개한 바 있다. 도상록은 여기에 더해 러더퍼드의 제자 채드윅이 어떻게 중성자를 실험적으로 발견했고, 이 중성자 발견이 얼마나 중요한지를 베타붕괴와 연결하고, 다시 이것이 어떻게 양자역학과 연결되는지를 설명한다.

이어진 2월 18일 도상록의 두 번째 기사는 채드윅의 상세한 실험 과정을 해설하는데, 여기에 바로 전해인 1935년 노벨 화학상을 받은 졸리오 부부 이야기가 등장한다. 졸리오 부부는 퀴리 부인의 딸 이렌 졸리오 퀴리(Irène Joliot-Curie) 부부를 말한다. 그녀의 부모가 노벨상을 공동 수상했듯이, 이들 부부도 노벨상을 공동 수상했다. 도상록은 채드윅의 발견에 졸리오 부부의 실험이 결정적 역할을 했다는 것을 말한다. 당시 학자들은 알파입자를 베릴륨에 강하게 충돌시키면 납도 뚫을 수 있는 미지의 방사선이 나오는 것을 알았고, 졸리오 부부는 이 방사선이 양성자를 쳐낼 수 있음을 발견했다. 초기에는 이

---

49 수소를 발견했으며 중력상수를 측정한 영국의 과학자 헨리 캐번디시(Henry Cavendish, 1731~1810)는 사람 만나는 것을 극도로 꺼린 것으로 유명하기에, '침묵의 실험물리학자'라고 언급한 것으로 보인다.

방사선을 콤프턴(Compton) 산란과 연결했지만, 콤프턴 산란으로 나올 수 있는 에너지를 능가하므로, 채드윅은 이 방사선이 양성자와 비슷한 질량의 입자라는 결론에 도달한 것이다.

채드윅의 이야기에 이어 2월 23일부터 도상록은 중성자 발견에 지대한 공헌을 한 졸리오 부부에 대한 이야기를《조선일보》에 2회로 연재했다. 이들에 대한 소개는 퀴리 부인으로 시작한다.

이십 세의 젊은 처녀로써 과학 연구의 자유의 천지를 구하야 왈소(바르샤바)를 등지고 멀리 쏠뽄누(소르본)로 향하여 교실소제(教室掃除, 교실 청소)의 내직도 달게 역이면서 파리대학에서 물리학을 발군하게 전공한 것이 인연되여 동 대학의 신(新)물리학자 피엘 큐리(피에르 퀴리)와 결혼한 뒤 부군과 협력하야 유명한 라듸엄(라듐)을 발견한 위대한 자연과학자 큐리(퀴리) 부인은 작고하시기 전에[50] 한번 뵈옵고 십퍼든 숭고한 인간이다. 그것은 대과학자라는 그 점에도 잇겟거니와 또한 고국의 아버지를 사모한 것의 영원성에도 잇겟거니와 그보담도 사랑하는 딸 이레네(이렌)에 대한 인간으로서의 지고한 애에 잇는 것이다. 이레네양은 큐리 부처의 유일의 혈통으로

---

50 퀴리 부인은 1934년 사망했다. 딸 부부가 노벨상을 받기 한 해 전이었다.

써 어머니의 연구소인 파리 라듐 연구소에서 원자물리학 연구에 남달니 몰두하엿다. (…) 그 뒤 양(孃)은 동 연구소의 원자물리학의 신진인 쪼리오(장 프레데리크 졸리오)군과 결혼하여 부부 공동으로 양친의 뒤를 이어서 연구하고 잇는 것이다.

이 기고문과 달리 이렌 졸리오 퀴리는 퀴리 부부의 유일한 혈육은 아니고, 동생 에브 퀴리(Eve Curie)가 있다. 에브는 과학자가 아닌 작가의 삶을 살았고, 그 덕분에 방사능으로 요절한 어머니, 언니와 달리 2007년에 103세를 일기로 사망했다. 프레데리크 졸리오는 이렌 퀴리와 결혼하고서 성을 졸리오 퀴리(Joliot-Curie)로 바꾸어 자신이 퀴리 가문의 학문적 후계자임을 보였다. 나중에 레지스탕스를 지원하고 공산당원으로 활동했으며, 전쟁 후에는 원자력청 장관으로 프랑스의 원자력발전을 이끌었다.

도상록의 두 번째 기사는 졸리오 부부 소개에 이어 그들의 실험이 어떻게 채드윅의 중성자 발견에 기여하고, 계속해서 인류 최초의 인공 방사성원소의 발견으로 이어지는지 설명한다. 졸리오 부부는 퀴리 부인이 발견한 폴로늄에서 나오는 알파입자를 계속 다른 원소에 충돌시키는 실험을 하고 있었다. 채드윅의 중성자도 그 과정에서 증명되었다. 그들은 계속된 실험에서 하나의 원소가 다른 동위원소로 바뀌는 것을 발견하고, 이것이 기존에 관측되던 방사성붕괴의 결과임을 밝혀낸다. 드디어 인류는 인공적으로 자연계 원소를 바꾸는 방법을 알아낸 것이다. 이를 도상록은 이렇게 표현한다.

> 현재의 핵 이론에 의지하면 원자량이라는 것이 큰 원소의 원자핵, 알기 쉽개 말하자면 매우 무거운 원자핵은 안정한 구조가 아니므로써 우발적이라고나 할가 때때로 방사선을 방출하고서 원자핵 자신은 괴변하여 다른 원자핵으로 천이하는 것만은 명백한 사실이다. 이것이 소위 방사성 원소의 괴변인대, 천연의 방사성물질은 어느 것이든지 이와 가티 괴변하는 것이다. 이제 만일 인위적으로 불안정한 원자핵을 지어서 방사능을 가지게 하고 또한 그 방사능이 라듸엄(라듐) 정도의 혹은 그 이상의 강한 것이 된다고 하면 그 얼마나 만족스러운 일일가 하는 것은 십 수년 내의 우리의 꿈이엿겄다. 이 꿈을 매우도 자연스럽게 실현시긴 것이 곳 쬬리오(졸리오) 부처의 발견한 인공 방사능의 기구이다.

이상에서 보듯이 도상록은 동시대의 최신 물리학 동향을 완벽히 꿰뚫고 있었다. 이 모두가 일간지에 실린 과학 기사다. 이어 도상록은 《조선일보》의 자매지 《조광(朝光)》 3월 호와 4월 호 두 차례에 걸쳐 양자역학을 소개한다. 《조광》은 이광수, 이

효석과 같은 문인 그리고 모윤숙, 김수임, 이극로, 임화 등의 지식인이 일반 대중을 위한 글을 연재하던 잡지였다. 그런데 여기에 도상록이 양자역학 기사를 연재한 것이다. 1920년대 상대성이론이 조선을 휩쓸었듯이, 1930년대 조선은 양자역학이 관심사였다.

도상록이 주목한 것은 '인과율의 파괴'였다. 오늘날에도 여전히 양자역학이 어려운 이유는 '확률 해석'이 개입하기 때문일 것인데, 도상록은 이 문제의 핵심을 대중에게 설명하고자 했다. 파동과 입자라는 빛의 이중성에서 출발하여 미립자 세계로 갈수록 연속이 깨지며 불연속의 세상이 열리고, 여기서 위치와 운동량을 동시에 알 수 없다는 하이젠베르크의 '불확정성원리', 그렇게 파동함수를 지배하는 확률 해석으로 이어지는 긴 과정을 대중 잡지에 연재했다.

1936년 최규남과 도상록 두 사람은 마치 경쟁하듯 과학 기사를 쏟아낸다.[51] 최규남은 《조선일보》에 1936년 3월, 4회에 걸쳐 오스트리아 물리학자 헤스(Victor Franz Hess)가 연구하던 '우주선(cosmic ray)'에 대해 연재한다. 놀랍게도 최규남이 소개

---

[51] 도상록이 '인과율의 재음미'를 《조광》 1936년 3월 호와 4월 호에 연재하자, 최규남은 5월 호에 '말코니의 생애'라는 제목으로 무선통신의 아버지 마르코니의 이야기를 실었다.

한 헤스는 그해 말 노벨상을 받는다. 오늘날 우리 언론들은 노벨상 수상자가 발표되면 보도한다. 그런데 발표 이전에 연구의 중요성을 미리 알고 보도하는 경우는 흔치 않다. 노벨상 발표 이후에나 그 성과를 주목하고 취재하는 경우가 대부분이다. 그러나 100년 전 우리 과학자들은 이미 봇물 터지듯 나오는 최신 과학 동향에서 어떤 연구가 세상을 바꿀 것인지 핵심을 파악하고 있었다. 도상록도 만만치 않았다. 1936년 4월 《동아일보》에 비행의 원리를 다루는 '끌라이더(글라이더)'를 4회에 걸쳐 연재하며 양력(lift)이 어떻게 발생하는지 설명한다. 또 6월에는 무려 6회에 걸쳐 《동아일보》에 성층권 이야기를 다루었다.

이처럼 당시 우리 과학자들은 동시대의 최신 과학 알리기를 멈추지 않았다. 특히 최규남은 1936년 5월, 4회에 걸쳐 아직 생소했던 '로켓' 과학과 달 탐사 전망을 소개하고, 6월에 일어난 개기일식을 6회에 걸쳐 설명하며 태양의 흑점과 코로나에 대한 연구를 알린다. 또한 1935년 처음 발견된 델린저현상에 대해 5회에 걸쳐 소개하며 전자기파와 태양 활동을 연결시켰다. 이 모두가 일간지에 실린 과학 칼럼이다.

1937년 1월, 최규남은 일반인들이 관심을 가질 만한 대중적인 과학을 말한다. '현대 과학의 제 성과'라는 제목으로 《조선일보》에 기고한 5회에 걸친 기사에서 서구에서 막 시작된

TV 방송을 소개하고, 성층권 비행을 위한 '터보차저', 심지어 초단파 발생 장치인 마그네트론까지 이야기한다. 마그네트론은 나중에 레이더와 전자레인지의 기본 원리가 되는 최첨단 장치로 당시에는 초보적인 연구만 진행되던 시절이었다.

송도고등보통학교 교사 도상록도 뒤지지 않았다. 1937년 3월《조선일보》에 6회에 걸쳐 '건축과 음향과의 관계'라는 제목의 과학 기사를 연재한다. 병원이나 호텔, 아파트, 학교 등 공간이 다르면 어떻게 음향의 차이를 보이는지를 물리학으로 설명하기 위해 당시 일반인들에게는 생소한 음향 반사의 원리를 풀어냈다. 여기에 적용되는 여러 가지 수식을 설명하며 음악 공연장에서 가장 중요한 '잔향(殘響) 시간'으로 연결한다. 그가 이 문제를 이야기한 것은 양자역학에서 중요한 도구인 파동역학이 건축물과 음향에도 본질적으로 적용된다는 것을 설명하기 위함이다.

1938년 1월 4일, 최규남은 '첨단 과학: 미래전의 신병기'라는 장문의《동아일보》기고문에서 무인비행기, 즉 드론을 소개하며 미래는 무인 기술이 지배할 것이라고 예상했다. 무선 조종을 위한 전자기파 기술의 최신 동향과 여기서 파생된 초기 형태의 레이저도 소개한다. 특히 로켓 발전에 주목하며 3단 로켓이면 달 탐사가 가능하다는 것과 대륙간탄도미사일도 예측했다. 제2차 세계 대전이 벌어지기 불과 1년 전이었다.

1930년대 후반이 되자, 양자역학은 더욱 발전하고 있었다. 중성자를 발견한 채드윅이 1935년 노벨상을, 양전자를 발견한 앤더슨(Carl David Anderson)이 1936년 노벨상을 받는다. 이른바 '입자물리학'의 전성시대를 맞고 있었다. 최규남은 이들의 업적도 쉴 새 없이 신문에 기고하며 조선에 알렸다. 그는 1938년 《조선일보》에 '최근 세계 과학의 성과'라는 기사에서 가히 폭발적으로 성장하는 원자물리학의 분위기를 이렇게 전한다.

> 최근 물리학계의 발전은 실로 놀낼 만하다. 너무 급진적이라고 해서 물리학의 휴일(休日)을 주장하는 일파가 미국서 생겼다고까지 전한다.

3회에 걸친 이 기고문에서 최규남은 전자(電子, electron), 양자(陽子, proton), 양전자(陽電子, positron), 중성자(中性子, neutron), 알파입자, 중성미자(中性微子, neutrino), 광입자(光粒子, photon) 등 그때까지 알려진 소립자에 대해 정리하고, 당시 막 발견된 중수소(重水素)까지 소개했다.

하지만 두 사람은 점점 힘을 잃어갔다. 1936년 7월 22일 《동아일보》에 도상록은 이런 글을 기고한다.

나의 백일몽: 물리연구소

작금의 일기는 퍽도 침울터니 오늘은 낮잠이 깊이 들어 물리연구소가 꿈꾸어졋습니다. 그것은 4~5개의 연구실과 도서실, 강당 하나식을 가진 것으로 보엿습니다. 각 연구실에는 주임 이하 수 명의 연구원이 잇어서 (…) 서고에는 내외의 서적, 팔천 권과 금세기 초 이래의 수십 종의 내외 물리지가 정렬되어서 (…) 연구소의 일 년 부기(회계)는 이만 원 정도를 보인다고 합니다. 이 연구소의 오늘까지를 말슴해달라는 요청에 사십도 넘어 보이는 소장의 얼골에는 무슨 표정이 심각해지면서 '이해가 없고 속류 과학의 횡행하는 사회에서 학적양심 직히든 괴로움도 컷거니와 명년으로 십 주(십 주년)를 헤게 되어 물리 조선의 모체라고까지 말슴해주시는 이 연구소의 산고야말로 눈물 없이는 못 볼 그것이엿엇습니다' 할 뿐이엇습니다.

대학교수였던 최규남도 마찬가지였다. 몇 년 전만 해도 미국이라는 공간에서, 세계 무대에서 활동하던 물리학자였지만 조선에서 이런 연구는 꿈도 꿀 수 없었다. 그의 절망은 도상록의 푸념이 나온 지 불과 2주 뒤 1936년 8월 5일《동아일보》기고문에 잘 드러난다. 여기서 '理硏'은 리켄, 즉 김용관이 주장하던 이화학 연구소를 의미한다.

나의 백일몽: 십 층의 '理研'

근세 물리학은 그 연구 초점을 물질 구조의 분광학적 분석에 두고 잇다. 그러나 이 분광학적 물질 분석 연구에는 특별한 설비 기관을 요구하게 되는 것은 물론이다. 즉 이 기관이란 내가 꿈꾸고 잇는 십 층의 이화학 연구소이다. 구체적 설계에 대해서 지상으로 오 층 지하로 오 층으로 된 것인대 (…) 감도가 예민한 분광계나 전류계일지라도 외부의 진동에 장해를 받지 안코 (…) 예를 들면 물질 구조 (…) 원자 파괴 같은 세밀한 연구가 가능하고 각 원소의 '스펙트럼' 선 등의 파장 및 진동수 측량이라는 (…) 그 외에도 (…) 각종 유기체 등의 분광학적 분석이 이 지하에서 만족히 행할 수가 잇게 된다. 이러한 연구소의 장소는 내가 살고 잇는 신촌이 최적 장소인데 (…)

이 연구소를 짓기에 예산액은 분광기 하나만 해도 칠, 팔천 원이니 이것이 몇 대는 요구되고 기타 상하층비 합하야 적어도 백만 원은 잇어야겟는데 말로는 쉬우나 그리 쉬운 것은 아니다. (…) 백만 원은 1원자리 백만 매인데 결국 내가 꿈꾸는 연구소는 대양의 신기루에 끄치고 말 것인가?

활발히 활동하던 두 사람이 갑자기 이렇게 넋두리할 수밖에 없는 배경은 1930년대 말 본격적인 대륙 침략에 나서면서 일제가 과학 교육까지 제약하기 시작해서일 것이다. 두 사람 모두 김용관이 주장한 '이화학 연구소'를 꿈꾸었고, 두 사람 모두 《동아일보》의 '나의 백일몽'이라는 코너에 안타까움을 남겼다. 발명학회가 1934년 '과학데이'를 이끌고, 다시 그해 여름 과학지식보급회가 만들어지는 과정에서도, 김용관은 산학협동 기반의 '이화학 연구소' 설립을 끊임없이 주장했다. 1935년 제2회 과학데이의 대성공으로 그의 주장은 더욱 강해졌지만 과학데이의 성공은 당국의 탄압을 불러왔고, 명망가들의 지원은 소극적으로 바뀌었다. '과학데이' 운동이 독립운동임을 간파한 일제는 1937년부터 옥외 집회를 금지하고, 1938년 다섯 번째 '과학데이'를 마친 김용관을 체포하면서 '과학지식보급회'는 해체된다.[52] 또한 발명학회가 일본발명학회의 지부로 흡수되면서 과학 대중화 운동은 위축되고 친일화되었다.

하지만 도상록은 송도고등보통학교에서 양자역학 연구를 계속했다. 비록 박사 학위는 없었지만, 깊이를 더해갔다. 1937년 다시 일본수학물리학회에서 양자역학 연구 결과를 발표한 그는 헬륨-수소분자이온(HeH^+)의 파동함수에 대한 이론적인 계산을 수행하여 1940년 일본수학물리학회지에 정식 논문으

---

[52] 1967년 4월 21일 과학기술처가 출범하며, 현재 '과학의 날'은 이날을 기념하는 4월 21일로 정해졌다.

로 발표한다. 이는 양자역학에 대한 한국인 최초의 이론 물리학 논문으로 볼 수 있다. 이 논문으로 학계에 꽤 알려진 그는 1941년 만주국(滿洲國) '신징(新京)공업대학' 교수로 부임한다. 만주국은 일본이 대륙 침략 과정에서 청나라 마지막 황제 '푸이'를 내세워 만든 괴뢰국으로, 당시 만주국의 수도 신징은 현재의 창춘(長春)이다. 악명 높은 관동군(關東軍)의 주둔지인 이곳에서 교수가 된 도상록은 '도 록일랑(都 祿一郎, 미야코 로쿠이치로)'으로 이름을 바꾸고, 여러 편의 양자역학 논문을 계속해서 발표했다.

우장춘, 이태규, 리승기

1937년으로 추정되는 시점에 교토에 모인 조선인 과학자들. 왼쪽부터 우장춘, 이태규, 리승기다. 이들은 모두 일본에서 박사 학위를 받았고, 특히 식민지 출신 이태규와 리승기는 일본에서 대학교수가 되었다. 비록 식민지 출신이었고, 일본에서 교수 생활을 하던 두 사람이었지만, 끝까지 일본식 이름으로 바꾸지 않았다. 세 사람이 교토에서 만날 무렵, 교토제국대학 물리학과 박사과정에 있던 또 다른 조선인 박철재가 있었다. 우리나라 최초의 이학박사 이원철, 최초의 물리학 박사 최규남과 마찬가지로 그 역시 연희전문 수물과 출신이었다. 박철재는 당시 초미의 관심사였던 고분자 문제를 풀고 있었고 '생고무의 결정화'로 1940년 박사 학위를 받는다. 최규남에 이어 두 번째 물리학 박사가 된 그는 이태규, 리승기와 함께 교토대 3인방으로 불리게 된다.

1924년 고하루와 결혼한 우장춘은 농업시험장에서 육종 연구에 전념하며 여러 편의 논문을 발표한다. 특히 관상용으로 화단 조성 등에 널리 쓰이는 '피튜니아(petunia)' 연구로 유명해졌다. 젊은 우장춘은 피튜니아 중에서 겹꽃 피튜니아에 주목했다. 이 품종은 암술이 퇴화하여 꺾꽂이 등으로만 번식되므로, 종자 가격이 동일 중량의 백금에 달할 정도로 귀했다. 우장춘은 독창적인 육종 기술로 대량 번식이 가능한 겹꽃 피튜니아 개발에 성공한 것이다. 이 무렵, 니혼대학 영문과를 졸업하고 일본에서 영자 신문사 기자로 근무하던 김종(金鍾)이 우장춘을 찾아온다. 그는 육종학계의 세계적인 거장이 된 조선인이 우범선의 아들이라는 것을 우연히 알게 되고 흥미를 느꼈다. 그리고 1934년 9월 16일과 17일 2회에 걸쳐《조선중앙일보》에 우장춘 방문기를 연재한다. 우장춘의 존재가 조선에 알려지기 시작한 순간이다. 그리고 우범선의 아들이라는 수식어가 따라붙었다. 당시 우장춘은 훨씬 놀라운 연구를 진행 중이었다.

1935년, 우장춘의 논문 〈종(種)의 합성〉이 발표된다. 다윈의 진화론이 수정되는 엄청난 논문이었다. 그때까지 일반적으로 알려진 다윈의 이론에 따르면, 이종교배로 만들어진 새로운 종은 생식능력이 없었다. 따라서 학자들은 새로운 종은 동종 교배를 통해 태어난 개체들이 자연선택을 거치며 분화되는 방식으로 만들어진다고 믿고 있었다. 그런데 우장춘은 배추와 양배추라는 서로 다른 종을 교배하는 과정에서 유채(油菜)[53] 같은 새로운 종이 만들어질 수 있다는 것을 밝혀낸다. 이를 학계에서는 '우의 삼각형(U's Triangle)'이라 부른다. 전문학교 출신인 우장춘은 이 논문으로 도쿄제국대학의 박사 학위를 받게 되며 단숨에 국제적인 명성을 얻는다.

이태규가 교토제국대학에서 화학으로 박사 학위를 받은 1931년, 같은 대학에서 공업화학을 전공하던 리승기가 학부를 졸업한다. 그러나 채만식이 〈레디메이드 인생〉에서 한탄했듯이, 세계 대공황으로 고학력 실업자가 넘쳐나던 시대였고, 도상록과 마찬가지로 두 사람은 직장을 구하기 힘들었다. 1932년 결혼한 이태규는 생계를 위해 중학교 강사도 마다치 않았다. 이태규에게 신부를 소개해준 이는 가까운 친구였던 시인 정지용이었다. 우여곡절 끝에 이태규는 교토제국대학 부설 화학 연구소 강사 자리를 얻었다. 그 무렵, 아스팔트 회사에 근무하던 리승기 역시 교토제국대학 부설 섬유 연구소 강사가 되었다.

---

53 '油菜'라는 한자 표기에서 알 수 있듯이, 유채는 기름을 얻을 수 있는 소중한 작물이다. 유채에서 추출된 기름은 '카놀라유'라고 불리며 콩기름 다음으로 식용유에 널리 쓰이고, 또 다른 용도로는 윤활유나 바이오 연료로도 많이 사용된다.

경제 위기가 빠르게 번지자, 일본의 파시즘은 가속화된다. 1931년 만주사변을 일으켜 1932년 만주국을 만들고, 1933년에는 국제연맹을 탈퇴했다. 결국 1937년 중일전쟁으로 서구 열강과 정면 대결한다.

1937년 4월 이태규 박사는 교토제국대학 조교수로 임용되었다. 그리고 같은 해 9월, 〈종의 합성〉으로 스타가 된 우장춘 박사가 다키이 연구 농장 초대 농장장이 되어 교토로 갔다. 리승기까지 합류해 교토에서 세 사람이 모인 것도 아마 이 무렵이었을 것이다. 우장춘이 이태규 박사와 리승기 박사를 일부러 찾아 만난 것으로 보인다. 그에게 과학은 자신의 존재 이유를 탐색하는 과정이었을지도 모른다. 일본인 어머니를 두고, 일본인 아내를 두고, 자신은 일본인 가문의 양자가 되어 자식 모두를 그 가문의 성을 따르도록 했지만, 자신만은 '우'라는 성을 끝까지 유지했다.

우장춘의 존재를 최초로 조선에 알린 김종은 1937년 12월 28일 '진화론의 신개척: 우장춘 박사의 학위논문 개요'라는 제목으로 《동아일보》에 〈종의 합성〉을 자세히 소개한다. 우장춘 역시 '유전 과학 응용하는 육종 개량의 중요성: 조선은 아직도 처녀 시대'라는 제목으로 1938년 1월 《동아일보》에 2회에 걸쳐 기고했다. 당시 조선의 지식인들은 다윈의 기일을 '과학데이'로 삼을 만큼 그를 존경했다. 따라서 자신들이 우상으로 삼던 다윈의 이론에 조선인이 도전했다는 사실은 엄청난 반향을 불러일으킨다.

우장춘은 김종을 다키이 연구소에 채용해 원예 육종 잡지 일을 맡기기도 하고, 심지어 강원달의 조카, 즉 매형의 조카를 소개해 결혼시킨다. 이리하여 김종과 우장춘은 친척의 연으로 이어졌다. 귀국한 김종은 보성전문학교 농장 기사를 하면서 조선의 채소와 과수 재배 실태를 조사하고 우장춘의 감수를 받아 책으로 출간했다. 이 과정을 통해 우장춘은 당시 조선 농업의 열악한 실정을 파악하게 된다.

우장춘, 이태규, 리승기 세 사람이 교토에 모인 1937년 말, 미국 여성들은 실크 불매운동으로 일본 경제에 충격을 주려고 했다. 여성들의 치마 길이가 짧아지면서 필수 패션이 된 스타킹의 소재가 실크였다. 당시 일본은 세계 최대 실크 생산국이었기에 미국의 실크 보이콧은 엄청난 파장을 일으켰다. 반론도 만만치 않았다. 경제공황이 채 가시지 않은 상황에서 대량 실업을 우려한 반대 데모도 일어났다. 일본은 잠시 안도하며 가슴을 쓸어내린다.

그런데 이 논란을 한 번에 잠재운 일이 등장했다. 나일론의 발명이다. 듀퐁의 나일론이 1938년부터 상업적으로 사용되자, 실크가 나일론으로 대체되는 것은 시간문제였다. 일본은 다급해졌다. 1938년 7월 교토제국대학 조교수로 임용된 리승

◈ **1937년 10월 6일, 미국 시애틀 지역 신문 《선데이뉴스(Sunday News)》에 보도된 여성들의 실크 스타킹 불매운동.**
중일전쟁을 일으킨 일본에 책임을 묻기 위해 시작된 미국 여성들의 일본 제품 불매운동은 일본산 실크로 만들어진 스타킹 보이콧으로 이어졌다. 1938년 2월 미국 LA에서 열린 무용가 최승희의 공연에 몰려든 시위대 역시 일본 배척 운동으로 보기도 한다. 이러한 서방의 움직임은 실크 수출이 중요했던 일본 경제에 큰 충격을 주고, 이 사건으로 리승기의 존재가 주목받는다.

◈ 실크 보이콧을 반대하는 시위대. 'America First'라는 구호가 인상적이다.

기는 합성섬유 개발에 박차를 가한다. 그리고 1939년 드디어 일본 최초의 합성섬유 '비날론' 개발에 성공했다. 나일론의 대항마로 여겨진 이 섬유로 리승기는 교토제국대학 공학 박사 학위를 받고 순식간에 일본 과학계의 주목을 받는다. 같은 해, 듀퐁은 나일론 스타킹을 출시하며 대박을 터뜨렸다.

한편, 1938년 12월 이태규는 일본과 대결 중인 미국으로 연수를 떠났다. 일본 정부가 국비 지원을 거부한 가운데 이태규는 고집스럽게 아인슈타인이 있던 프린스턴대학으로 갔다. 여기서 그는 양자역학을 화학에 접목한 고분자화학의 대가 아이링 교수[54]의 제자가 된다.

1941년 7월, 이태규 박사는 긴급 귀국 명령을 받는다. 진주만 공격을 앞둔 일본의 조치였다. 이태규와 리승기의 화학 연구에는 교토제국대학 선배인 김연수의 후원이 있었다. 인촌 김성수의 동생으로 경성 방직을 운영하며 화학섬유에 관심이 많던 김연수는 1939년 이태규가 프린스턴대학에 갈 때 1,000원을, 그가 일본으로 돌아온 뒤에는 무려 1만 원을 연구비로 지원했다.[55] 당시 서울 집 한 채 가격이 1,000원이었다. 김연수의 후원으로 연구를 이어간 이태규는 1943년 교토제국대학의 정교수가 되었다. 김연수는 리승기의 비날론 연구에도 1만원을 지원했다.

미국이 원유 공급을 끊자 리승기 교수의 비날론 연구는 더욱 군사화되었다. 석유에서 합성하는 나일론과 달리 비날론은 석유가 필요 없었기 때문이다. 원유 금수 조치에 맞서 일본이 실크 공급을 중단하자, 미국은 낙하산 등에 쓰던 실크를 나일론으로 대체하기 시작했다. 나일론이 군수물자가 되자, 1940년대 여성들은 다리에 물감으로 색칠하며 버텼다.

1945년 전쟁이 끝나자 여성들은 다시 스타킹을 신을 수 있

---

54 헨리 아이링(Henry Eyring, 1901~1981)은 멕시코 출신의 물리학자로, 1935년 미국 시민권을 얻고 1938년 프린스턴대학 교수로 부임했으며, 1946년 유타대학으로 옮겼다.

55 김연수가 세운 화학 기업 삼양사는 아직도 건재하다.

◎ 스타킹 대신 다리에 물감을 칠하며 전쟁을 버티던 미국 여성들.

으리라 기대했다. 하지만 듀퐁의 나일론 스타킹 생산은 더뎠고, 참다못한 여성들이 거리로 나서 폭동이 벌어졌다. 이 결과 듀퐁은 나일론 독점을 포기한다. 한국에 나일론이 들어온 것은 1953년 코오롱이 시작인데, 코오롱은 '코리아'와 '나일론'의 합성어다.

이처럼 태평양전쟁은 합성섬유 전쟁이기도 했고, 그 중심에 교토제국대학의 조선인 과학자 리승기와 고분자화학 이론을 만들던 이태규 그리고 고무를 연구하던 박철재가 있었다. 리승기는 전쟁 중에 일본 군부에 불만을 표하다 투옥된 채로

1945년 해방을 맞게 된다. 교토제국대학의 강사로 근무하던 박철재 역시 이 무렵 헌병에 잡혀가기도 했다. 하지만 이 재일 조선인 과학자들은 광복 후에 더욱 큰 소용돌이에 휘말린다.

한편, 전쟁이 한창이던 시기에도 교토 다키이 연구소에서 우장춘의 연구는 계속되었다. 1941년 일본이 진주만을 공격 하자, 우장춘은 가족에게 '일본이 이번에는 패배할 것이다'라 고 단언했고, 그들은 가장의 돌출 발언이 알려질까 봐 가슴 졸 이며 전쟁을 견디고 있었다. 특이한 점은 다키이 연구소에 조 선인 청년들이 있었다는 것, 그리고 일주일에 한 번씩 우장춘 이 기숙사에 찾아가 이들 조선인만을 상대로 강의했다는 것 이다. 가끔 조선 청년들은 흥분해서 소리를 쳤고, 뒤이어 달래 는 듯한 우장춘의 낮은 목소리가 새어 나왔다고 가족들은 증 언한다. 그들이 무슨 이야기를 나누었는지는 모르나, 우장춘 이 이 무렵 전쟁이 곧 끝나리라는 것을 감지하고 있었으며, 그 뒤에 자신이 어떤 길을 가야 할지 깊이 고민하고 있었던 것만 은 틀림없다.

황진남의 귀국

美貌에어리운鄕愁

異域咸興에서巴里洛城에驚愕

國際愛黃鎭南氏家庭訪問記

淸津兒童代表

伊勢神宮參拜할

을決定

1940년 6월 16일 자 《조선일보》에 등장한 황진남 부부. 미국에서 안창호를 따라 상하이로 건너간 황진남은 대한민국임시정부에서 활동하다 베를린대학에서 유학하며 아인슈타인을 조선에 알렸다. 그러나 독일의 경제난으로 어려움을 겪다가 파리 소르본으로 옮겨 유학했다. 이날 조선일보가 황진남을 찾은 이유는 그의 부인이 프랑스인이었기 때문이다. 파리 여인과 결혼한 황진남은 고향 함흥으로 귀국해 교편을 잡고 있었다. 그는 이 인터뷰 직후인 1940년 10월 19일 라디오방송에서 아인슈타인에 대한 강연을 했다.

1940년 6월 14일, 독일군이 파리를 함락했다는 소식이 전해졌다. 당시 일본은 독일과 동맹을 맺고 있었지만, 일본의 지배를 받던 식민지에서 프랑스의 몰락을 바라보는 조선인들의 심정은 복잡했다. 그 혼란스러운 양가감정이 《조선일보》 기사에 그대로 드러난다.

미모에 어리운 향수: 이역 함흥에서 파리 낙성에 경악

이십여 년 만에 감연하게 일어난 독일군은 번개 가튼 작전으로서 (…) 꿈에도 이처지지 안코 잇섯슬 불란서를 총력을 집중시켜서 (…) 십사일 오후에는 독일군이 속속 파리에 입성하엿다고 공포하엿다. (…)

파리가 독일군에게 그다지도 시름업시 함락되다니 이것은 누구든지 그 전파를 의심하지 아니치 못할 뉴스다. (…) 멀니 이국에 나와서 고향 하늘만 바라보고 잇는 '파리쉔'일 때 그 쓰라린 감회와 실광은 어떨가?

기자는 이런 생각에 저즈면서 함흥에 와서 잇는, 아마 조선에서도 유일한 파리쉔이라고 할 수 잇는 한 절믄 녀성을 차저가게 되엇다. (…)

세 시 정각이 되자 주인 황씨가 돌아왓다. 이에 기자는 황씨를 통역으로 내세우고서 부인과 황씨의 파리 함락에 대한 이야기를 물어보고 국제애에 사로잡혀 잇는 이국의 젊은 여성으로 하여금 고국의 운명을 걱정하게 한 것을 미안히 생각하고 그 집을 나왔다.

황진남이 프랑스에서 귀국할 무렵, 과학 교육 등의 애국 계몽 운동이 일시에 무너지는 일이 벌어진다. 이것이 바로 일제가 안창호를 중심으로 엮은 '수양동우회 사건'이다. 수양동우회는 안창호가 미국에서 만든 흥사단의 국내 조직이고, 안창호의 요청으로 이광수 등이 주도한 모임이다. 이들은 무력 투쟁이나 이념보다 교육과 계몽을 강조한 온건파였다. 그러나 일제는 이것마저 두고 보지 않았다.

이 사건에서 안창호가 고문으로 1938년 사망했고, 나머지 대부분은 전향서를 써 살아남았다. 하지만 살아남은 데 그치지 않았다. 전쟁을 찬양하고 적극 지원을 독려한다. 존경받던 지도자 윤치호, 이광수 등의 이런 모습에 모두가 충격을 받았다. 그나마 소극적인 저항은 '아무 일도 하지 않는 것'이었다. 최규남은 교단에서 쫓겨나 농사를 지었고, 최규남의 처남 채동선 역시 칩거하고 농사에 몰두했다.

한때 채동선은 정지용의 시 12편 중 8편에 곡을 붙였다. 그 중 가장 유명한 곡이 〈고향〉. 이 작품은 최규남과 결혼한 동생 채선엽을 위해 지은 것이다. 하지만 한국전쟁에서 정지용이 월북하자 금지곡이 되었다. 그 무렵, 채동선이 부산 피난 중에 사망하자, 이은상이 정지용의 시를 대체하는 가사를 붙이면서 비로소 이 곡은 널리 알려지게 된다. 이것이 채동선의 대표곡 〈그리워〉다. 후속 연구에 따르면, 이은상은 정지용의 또 다른 시 〈그리워〉에서 많은 모티프를 따와서 원작자가 정지용임을 드러내려 했던 것으로 보인다. 참고로, 이은상은 정지용 시에 곡을 붙인 채동선 가곡 8편 중 3곡을 개사했다.

춘원 이광수의 총애를 받았던 윤석중은 결혼한 뒤에 일본으로 유학을 떠났는데 1942년 재일 유학생들에게 학병 입대 권유를 하기 위해 일본에 온 춘원을 만났다. 그는 춘원이 묵고 있는 여관으로 찾아가 이런저런 이야기를 하다가 넌지시 물었다.

> "운동회 때 말입니다. 다섯 바퀴를 도는 시합에 열 바퀴를 돌았다고 해서 성적이 올라갈 리도 없고 상이 더 돌아올 리도 없지 않겠습니까?"

한국 사람이 굳이 일본인보다 앞장서 나서는 것이 헛수고가 아니겠느냐는 비유였다. 이 말에 춘원은 고개를 끄덕이면서 쓴웃음을 지었다.

1911년에 태어난 윤석중[56]은 지난 2003년 93세를 일기로

---

[56] 참고로 윤동주 시인은 1917년생이다.

소천했다. 그는 호를 자신의 한자 이름인 석중(石重)에서 딴 석
동(石童), 즉 '돌아이'라고 지었다. 어린이날 노래를 만들기도
한 그는 1969년 아폴로 우주선이 달에 착륙하자, 어린이들에
게 이 역사적 사건의 의미를 전달하기 위해 〈앞으로〉라는 동
요를 작사했다. 비록 당시 우리나라의 처지로는 우주 개발이
먼 일이었지만, 자라나는 세대만큼은 우주에 대한 꿈을 키우
기를 바라는 소망을 담았다.

변절은 사회주의자들도 마찬가지였다. 1923년 진주에서 시
작된 형평사 운동은 사회주의 운동과 결합하여 순식간에 전
국으로 퍼졌지만, 이 무렵에는 쇠퇴하고 있었다. 여전히 백정
을 천대하던 농민의 반형평사 운동도 있었지만, 형평사 운동
지도부의 노선 분열도 있었다. 일본 유학파 장지필은 사회주
의 노선을, 강상호는 민족주의 관점을 유지해 서로 갈라섰고,
이후 강상호는 형평사 운동에서 손을 뗀다. 게다가 1927년 고
려혁명당 사건으로 장지필이 구속되고, 1933년 형평청년전위
동맹 사건으로 형평사 지도부가 무너지자 형평사 운동은 급
격히 위축되었다. 이에 장지필은 1935년 형평사를 대동사로
변경하는데, 대동사는 서서히 친일로 돌아서 1938년에는 비
행기를 헌납하기에 이른다.[57]

임화는 일제강점기 사회주의 문학 단체인 '카프'를 이끌던
인물이다. '카프(KAPF)'는 '조선 프롤레타리아 예술가 동맹'을

에스페란토어로 표기한 'Korea Artista Proleta Federacio'에서 따온 말이다. 카프를 주도하며 사회주의 문학 운동을 이끈 임화는 일제의 대대적인 탄압으로 1935년 스스로 카프를 해체한다. 임화보다 훨씬 과격한 사회주의자였던 그의 부인 이귀례는 그가 변절했다며 이혼을 선언했다.

이때 임화는 요양차 들른 마산에서 부유한 집안 출신으로 도쿄에서 경제학을 전공한 여성 이현욱을 만난다. 오빠들의 영향으로 이념적이었지만, 훨씬 인간적이었던 그녀의 따뜻한 간호로 건강을 회복한 임화는 이현욱과 재혼한다. 이후 몇 년이 부부가 가장 행복했던 시기였을 것이다. 1939년 1월 4일 이현욱의《조선일보》기고문에서 그 일부를 엿볼 수 있다. 아이들 간식에 관한 내용이다. 그녀는 임화의 전처 소생이던 아홉 살의 혜란과 자신이 낳은 세 살의 원배, 두 남매를 키우고

---

57 해방 이후 장지필은 우파 진영에서 활동했으나 1947년 이후 행적은 알려진 바가 없다. 그는《친일인명사전》에 수록되었다. 장지필과 형평사 운동을 이끌던 강상호는 한국전쟁에서 보도 연맹 사건에 연루되었다가 구사일생으로 살아남았다. 하지만 방정환과 소년 운동을 이끌었던 그의 동생 강영호는 희생되었다. 정권의 감시에 시달리던 강상호는 1957년 사망했다. 그의 장례식에 전국의 백정들이 모여 추모했다. 이렇게 형평사 운동이 좌절되며 관습적인 신분제는 해방 이후까지 계속되었다. 우리나라에서 신분제가 없어진 것은 한국전쟁이 가장 큰 요인으로 평가된다. 비록 형평사 운동은 실패했지만, 그들이 던진 강렬한 메시지는 우리나라가 구시대와 결별하는 토대가 되었다. 한편, 일본에서도 천민 해방운동인 수평사 운동이 있었지만, 아직도 특수 계급 집단인 '부라쿠민(部落民)' 문제가 예민한 이슈로 남아 있다.

⚘ **1940년 10월 잡지 《여성》에 실린 이현욱의 글 〈일기〉.**

임화의 부인으로 소개되었다. 심지어 임화의 사진이 더 크다. 이현욱은 모윤숙, 노천명, 최정희와 또래였다. 특히 '카프' 출신 최정희와 가까웠는데, 최정희는 친일파 김동환과 재혼했다. 당시 그들의 일상은 모윤숙의 글에서 볼 수 있다. "나는 황도학회(친일학회) 이틀 가서 졸고 이틀 빠지고 오늘 또 가는데 조선호텔 케이크 먹은 죄로다."

있었다.

　이러케 말해노코 보면 소위 우리 신교육을 바덧다는 어미들
은 부끄럽습니다. 너 나 업시 아이들에게 충분이 영양을 섭
취하도록 간식 가튼 것도 잘 먹여야겟다고 생각은 하면서도
사실 동무들하고 놀러 다닐 사이는 잇서도 집 안에서 아이들
을 위해서 간식을 만들어줄 틈은 업드군요. (…)
　지금 우리들 형편으로 보면 대개는 "엄마, 나 한 푼만‒" 하고
손을 벌리면 한 푼 두 푼 집어 주어서 제 맘대로 눈깔사탕이
든 붕어사탕이든 사 먹게 됩니다.
　이런 사탕 종류는 아무리 먹어야 해가 되면 되엿지 아이들에
게 조금도 이로울 것은 업습니다. 그러나 자꾸 조르고 귀치
안흐니까 집어 주게 되는데 아마 외국 가정의 어머니들은 이
런 주책 업는 짓은 안 할 겝니다. 그들은 이 군것질에 무척 관
심을 가지고 또 대개는 집에서 과자를 구어 먹인다든지 실과
나 그 박게 여러 가지를 어머니가 택해서 적당한 분량으로
먹이는 모양입디다.
　조선 가정에서도 기구가 맛지 안허 그러치 과자 가튼 것을
구어서 두고 먹이면 몸에도 조코 아이들 버릇도 그릇되지 안
흘 겝니다.
　결국 아이들 군것짓을 경제적으로 시킨다는 것은 거기에 드

는 돈을 주린다느니보담 가튼 돈을 드리면서도 좀 더 만흔 영양을 섭취하도록 하는 것이 의미 잇는 일이라고 생각합니다. 대체로 우리네 아이들은 영양이 부죽해요.

그리고 과자보담도 실과를 만히 먹여야겟구요. 시루떡 가튼 것도 설탕이나 너허서 쩌두고 쥐여주면 조홀 겝니다.

이 글은 마치 이효석의 《낙엽을 태우면서》(1938년) 같은 느낌도 든다. 대부분 끼니를 걱정하던 시절, 아이들 간식으로 과자를 구워줄지, 과일을 주는 게 나을지 고민하고 있다. 게다가 이 기고문은 전쟁을 맞이하는 여성들의 각오를 모은 '전시하의 가정 경제'라는 특집란에 쓰인 글이다.

하지만 친일파로 전향한 동지들과 어울리던 이현욱의 불편했던 속내가 드러나기 시작한 것은 1940년. 임화를 간호하다 결핵에 걸린 그녀는 친정인 마산으로 홀로 내려가 요양하며, 글쓰기에 몰두했다. 글쓰기를 통해, 그녀는 자신을 깊이 성찰한다. 무엇보다 여성으로서의 자아를 조금씩 깨닫기 시작한다. 1940년 12월, 그녀는 '임화의 부인'이라는 딱지를 떼고 '지하련(池河蓮)'이라는 필명으로 단편소설 〈결별〉을 써서 등단한다. 그리고 변명으로 가득 찼던 동시대 지식인들과 결별했다. 이 소설의 내용은 다음과 같다.

주인공은 갓 결혼한 절친 '정희'가 친정에 왔다는 소식에 그녀에게 들러 이야기를 나눈다. 기혼 여성들의 소소한 대화인 듯하지만, 이 작품은 제도에 안주하는 동년배 신여성을 바라보며 결혼에 대한 근본적인 물음을 던진다. 그리고 임화를 포함한 당시 남성 지식인의 가부장적 허위의식도 은근히 비판한다.

지하련은 글재주가 뛰어났다. 당시 서정주는 지하련을 보려고 일부러 임화의 집을 들락거렸다고 한다. 그는 그녀의 글이 임화의 것보다 훨씬 낫다고 평가했다. '절친' 최정희 역시 그녀에게 등단을 적극 권유했다. 지하련도 문단의 스타였던 친구 정희의 응원을 기대했을지도 모르겠다. 그런데 최정희는 자신의 이름이 등장하는 〈결별〉을 탐탁지 않게 생각한 것 같다. 그 전후 사정은 지하련이 최정희에게 보낸 편지에서 어렴풋이 짐작할 수 있다. 편지의 내용은 이렇다.

지금 편지를 받엇스나 엇전지 당신이 내게 준 글이라고는 잘 믿어지지 안는 것이 슬픔니다. (⋯)
집에 오는 길노 나는 당신에게 긴 편지를 썼습니다. 물론 어린애 같은, 당신 보면 우슬 편지입니다.
"정히야, 나는 네 앞에서 결코 현명한 벗은 못 됫섯다. 그러나 우리는 즐거웠섯다. (⋯) 나는 진정 네가 조타! 웬일인지 모루겠다. 네 적은 입이 조코 목들미가 조코 볼다구니도 조타! 나는 이후 남은 세월을 정히야 너를 위해 네가 닷시 오기 위해 저 밤하늘의 별을 바라보듯 잠잠이 사러 가련다… 운운"
하는 어리석은 수작이엿스나, 나는 이것을 당신께 보내지 않
엇습니다. (…)

당신이 날 맛나고 십다고 햇스니 맛나드리겟습니다. 그러나
이제 내 맘도 무한 흐트저 당신 잇는 곳엔 잘 가지지가 안슴
니다. 금년 마지막 날 오후 다섯 시에 '후루사토'라는 집에서
맛나기로 합시다. 회답 주시기 바랍니다.[58]

　최정희가 이 편지를 받은 것은 1940년 12월 26일. 과연 둘
은 다시 만났을까? 지하련은 해방 뒤 닥친 좌우 이념 대결의
중심에 서게 된다.

　1942년 7월, 황진남이 있던 함흥에서 한 여학생이 조선어
를 사용하다가 경찰에 붙잡혔다. 일제는 이 사건을 구실로, 조
선어 사전 편찬에 박차를 가하던 조선어학회 간부들을 일제
히 체포한다. 이것이 '조선어학회' 사건으로, 무려 33명이 '내
란죄'로 함흥으로 압송되었다.

　'우리가 물이라면 새암이 있고, 우리가 나무라면 뿌리가 있
다'는 개천절 노래는 '뿌리 깊은 나무'와 '샘이 깊은 물'로 시작
하는 〈용비어천가〉를 차용한 작품이다. 여기에서 개천절을 만

---

58 한때, 이는 시인 이상의 편지로 잘못 알려지기도 했다.

들어낸 대종교와 조선어학회의 관계를 짐작하게 된다. 두 단체 모두 해방 직전까지 가장 극렬하게 일제에 저항했다. 초기 대종교는 무장 독립 세력이 집결하는 중심 역할을 했다. 여기에 대종교인이던 김좌진, 홍범도 두 장군의 활약이 두드러졌다. 하지만 자유시 참변 이후 무장 독립운동 세력이 궤멸하자 이들은 다른 부분에서 활약한다.

바로 한글 운동이다. 이를 이끈 주시경이 대종교인이었고, 그들은 '조선어학회'로 뭉쳤으며 한글 교육을 독립 투쟁의 중심으로 보았다. 일제는 이들을 탄압하기 위해 구실을 잡고자 했다. 그 시작이 '임오교변(壬午敎變, 1942년)'으로 불리는 대종교 탄압 사건이다. 주시경에 이어 조선어학회를 이끌던 이극로가 보낸 편지를 트집 잡은 일제는 대종교인들을 대대적으로 구속한다. 이 일은 '조선어학회' 사건으로 이어졌다. 그 결과 대종교 간부 대부분이 옥사하면서 대종교의 세력은 크게 위축된다. 하지만 투옥된 조선어학회 간부들이 해방 후 풀려나면서 다행히 한글 연구는 이어질 수 있었다.

많은 애국 계몽 단체가 친일로 돌아섰지만 조선어학회가 반일 운동을 유지하게 된 계기 중 하나는 1940년 극적으로 발견된 《훈민정음해례본》이다. 경북 어느 고택 서가에서 발견된 이 책의 존재를 알게 된 간송 전형필은 무려 1만 원이 넘는 거금을 주고 샀다. 당시 서울 시내 기와집을 열 채 살 수 있는 금

액이었다.[59]

이 책은 한글 창제에서 자음과 모음이 어떻게 인간의 발성 구조와 연관되는지, 초성-중성-종성이라는 논리적 구조가 어떻게 만들어졌는지 과학적으로 설명한 귀한 자료다. 한때 세종대왕이 창살을 보고 ㄱ, ㄴ, ㄷ 등을 만들었다는 둥 엉터리 학설이 있었지만, 《훈민정음해례본》의 발견으로 논쟁은 깔끔하게 정리되고, 한글에 대한 자부심은 어느 때보다 고조되며, 조선어학회가 독립운동의 주요 거점으로 확고하게 자리 잡게 된다.

《훈민정음해례본》에 적힌 또 다른 중요한 내용은 한글 반포의 조금 더 구체적인 날짜가 나왔다는 것. 조선어학회는 1446년 훈민정음 반포의 8주갑, 즉 60갑자가 8번 지난 480주년이 되는 시점인 1926년 대대적인 한글 기념행사를 기획한다. 문제는 날짜였다. 《세종실록》에는 구체적인 날짜 없이, 1446년 9월 29일 기록에 '이달에 훈민정음이 만들어졌다'라고만 되어 있기 때문이다. 할 수 없이 음력 9월 29일을 기념일로 삼고, 1926년에 음력 9월 29일이던 11월 4일에 기념식을 열었다.

하지만 당시 지식인들 사이에는 양력을 사용해야 한다는 요구가 강했다. 이에 따라 1446년 9월 29일을 양력으로 환산

---

[59] 같은 시기, 김연수가 리승기에게 지원한 연구비가 1만 원이었다.

해, 10월 29일이 되었다. 그런데 환산 과정에 오류가 발견되어 다시 10월 28일로 수정했다. 그러던 1940년《훈민정음해례본》이 발견된 것이다. 이 책에는 한글 반포의 시점이 1446년 9월 상순으로 기록되어 있다. 9월 상순이면 9월 1일에서 10일 사이이므로, 9월 말은 아니다. 이에 따라 한글날은 음력 9월 29일에서 9월 10일로 옮겨졌고, 이를 양력으로 환산해서 10월 28일에서 19일이 당겨졌다. 한글날 10월 9일은 이렇게 정해진 것이다.

1941년 시작된 태평양전쟁으로 국민 총동원 정책을 펼치던 총독부는 유독 조선어학회 사건을 가혹하게 다루었다. 경찰의 혹독한 고문 끝에 14명이 함흥 재판소에 기소되었고, 1945년 초까지 계속된 재판 과정 동안 두 명이 옥사하였으며, 그해 8월 일본이 패전하면서 함흥 형무소에 투옥되었던 이들이 풀려났다. 그들이 출옥할 때 모습은 연세대학교 이근엽 교수의 증언으로 기록되었다.

1945년 8월 17일 내가 열다섯 살 때인데 조선어학회 회원인 모기윤[60] 선생이 교회 청년 30여 명을 함흥 형무소 앞으로

---

[60] 모윤숙의 동생이다. 남매간이지만 누나는 친일의 길을 걸었고, 동생은 독립운동가였다.

모이게 해서 영문도 모르고 따라갔었다. 모기윤 선생이 조선인 검사에게 광복이 되었는데 왜 독립운동가들을 풀어주지 않느냐고 항의해서 네 분이 감옥에서 나오게 되었는데 그분들이 조선어학회 사건으로 옥살이를 한 이극로, 최현배, 정인승, 이희승 님인 것을 그 뒤 알게 되었다. 그때 한 분(이극로 선생으로 보임)은 들것에 실려 나오고 세 분은 부축해 나오는데 처참한 모습이었다. 일본이 패망하고 이틀이 지났지만, 일제가 무서워 태극기를 들고 환영도 못 했다.

이희승은 나중에 서울대학교 교수가 되어 4·19에서 교수 시위를 주동하며 이승만의 하야를 이끌어낸다. 그는 이후에도 여러 번 시국 선언에 나서는 행동파 지식인으로 활동했다. 한편, 이희승의 서울대학교 동료 교수였던, 이희승과 달리 나서지 못했던 피천득은 나중에 이 시절을 이렇게 회고했다. 다음은 2002년 여름, KBS 〈TV 책을 말하다〉라는 프로그램에 나온 피천득과의 대화다. 흥미를 위해 주로 그의 대표 수필 《인연》과 '아사코'와의 이야기에 초점이 맞춰진 이 방송의 끝에 사회자가 1910년생인 피천득에게 묻는다.

사회자: 선생님 지금 구십 평생을 살아오셨는데요. 선생님 일생을 간단하게 한마디로 평을 하신다면, 어떻게 하실 수

있을까요?

피천득: 그저 인생을 착하고 아름답게는 살려고 했는데, 그게 끝이고⋯. (⋯) 우리나라는 과거에 저항 운동을 꼭 해야 할 필요가 여러 번 있었어요. 근데 그걸 한 걸음 나가지 못하고 (⋯) 뒷골목으로 다니면서 한숨이나 쉬고 이렇게 한 것이 지금으로(서는) 한이고 부끄럽고 그렇습니다.

피천득은 이 방송 5년 뒤인 2007년에 사망했다. 그의 딸 피서영은 서울대학교 물리학과를 졸업하고 미국으로 유학 가서 재미 과학자 이휘소에게 박사 학위를 받았다.

해방되던 날 함흥에는 또 다른 중요한 인물이 있었다. 경성제국대학 이공학부를 졸업한 수학자 이임학이 고향 함흥으로 돌아온 것이다. 황진남과 도상록에 이어 이임학도 함흥 출신이다. 1922년 함흥에서 태어난 그는 1939년 경성제국대학 예과에 입학해서 3년의 과정을 마치고 1942년 이공학부로 진학했다. 당시 경성제국대학에는 수학과가 없었기에 그의 전공은 물리학이었다. 하지만 여기서 수학에 재능을 발휘하기 시작했다.

1924년 개교한 조선 유일의 대학 경성제국대학에는 법문학부와 의학부 딱 2개만 있었다. 제대로 된 대학이라고 보기 힘들었고, 과학은 가르치지 않았다. 1938년에 이르러서야 일제는 전시 동원 체제를 위해 이공학부를 추가로 설치하기로 한다. 이임학은 이 무렵 입학한 것이다.

공릉동에 만들어진 경성제국대학 이공학부 캠퍼스의 규모는 상당했다. 1호관의 경우 단일 건축물로는 동양 최대의 대학 건물이었고, 2호관에는 군함 1척을 만들 수 있는 철재가 사용되었다. 특히 X선회절 분석기나 고성능 분광기 등 고가의 실험 장비가 갖춰져 학생 1인당 2만 엔의 국비가 쓰였다. 당시 면서기 월급이 20엔이었다는 것을 생각하면 거금이었다.

1944년에 졸업한 이임학은 만주에 있던 박흥식의 '조선비행기공업주식회사'에 취직한다.[61] 1945년 8월 소련이 참전하면서 만주 곳곳에서 일본 관동군이 무너지기 시작했다. 이임학은 이때 고향으로 돌아온 것이다. 고향 함흥에서 해방을 맞은 그는 곧 서울로 향했고, 이후 우리나라를 대표하는 수학자로 성장한다.

---

61 조선비행기공업주식회사는 화신 백화점 사장 박흥식이 일본과 협력하여 만든 군수 업체로 자본금이 무려 5,000만 원이었다. 이러한 적극적 친일 행위로 해방 후 반민특위가 첫 번째로 검거한 인물이 박흥식이다. 이후 서서히 몰락하며, 1980년대에 이르러 화신그룹은 해체되었고, 살던 집까지 매각한 박흥식은 1994년 사망한다. 박흥식의 가회동 저택은 2000년 현대그룹 정주영 회장이 매입해 말년을 보냈다.

해방공간의 꿈

해방 다음 날인 8월 16일 여운형이 휘문중학교에서 민중을 모아 연설을 시작한다. 사진은 이때 휘문중학교에 들어서는 여운형이다. 모자를 만지는 여운형 오른쪽에 모자와 안경을 쓰고 반바지를 입은, 세련된 복장을 한 이가 이여성이며 그는 1923년 상대성 이론 전국 순회강연을 주도했던 인물이다. 1930년대 패션 연구에 심취했던 이여성은 1941년 국내 최초의 야외 패션쇼를 열기도 했고, 삼국시대를 비롯해 우리나라 전통 의상에 관한 방대한 연구를 담은 《조선복식고(朝鮮服飾考)》를 집필하기도 했다. 8월 16일 여운형의 연설이 있고 나서 비로소 일본이 항복했다는 사실이 일반인에게 알려지기 시작한다. 그는 이렇게 연설의 서두를 뗐다.

"조선 민족의 해방의 날은 왔습니다. 어제 15일, 엔도가 나를 불러가지고 '과거 두 민족이 합하였던 것이 조선에게 잘못됐던가는 다시 말하고 싶지 않다. 오늘날 나누는 때에 서로 좋게 나누는 것이 좋겠다. 오해로 피를 흘리고 불상사를 일으키지 않도록 민중을 지도하여주기를 바란다'고 하였습니다. 나는 다섯 가지 조건을 요구하였습니다. 그리하여 총독부로부터 치안권과 행정권을 이양받았습니다."

그리고 '우리 민족의 이상 낙원을 세우자'며 그가 준비해온 건국준비위원회(건준)가 새 국가 수립의 주역이 될 것임을 선언한다.

1920년대 전 세계를 열광시킨 라디오 붐은 일본을 거쳐 식민지 조선에도 불었다. 1927년 경성 방송국이 탄생한 것이다. 미국에서 라디오방송이 시작된 지 겨우 몇 년 뒤의 일이다. 하지만 처음 등장한 라디오는 우리나라 사람들에게 낯설었고, 개국 당시 청취자 수 1,440명 중 조선인은 275명에 지나지 않았다. 비싼 수신기 비용도 문제였기에 여전히 사람들은 신문에 의지했다.

　하지만 조금씩 수신기 보급이 늘어나며 정규 방송으로 다양한 콘텐츠가 개발되었다. 경성 방송국에서는 당시 아이돌급이었던 소리꾼들이 음악 방송을 했다. 지금도 그렇지만 라디오에서 가장 인기 있는 프로그램은 음악 방송이었다. 어떤 프로그램은 '무엇이든 물어보세요' 부류의 생활 상식을 전달하기도 하고, 최신 과학 동향을 알리기도 했다. 특히 상대성이론 강연의 스타로 당시 경성광산전문학교 교수였던 최윤식은 과학 저변 확대를 위해 '어린이 과학', '과학과 여성'과 같은 주제로, 황진남은 아인슈타인에 대해 라디오방송을 했다. 대중 과학까지 프로그램이 확대되자 수신기 구매가 증가한다.

　마르코니(Guglielmo Marconi)가 조선을 방문하던 1933년, 라디오 청취자 2만 9,000명 중 조선인은 6,000명이었지만, 1941년에는 라디오 청취자 22만 4,000명 중 무려 11만 5,000명이 조선인이었다. 1940년 폐간 당시 《조선일보》가 6만 3,000부, 《동

◎ 마르코니의 서울 방문을 보도한 1933년 11월 25일 자 《동아일보》.

마르코니 부부는 일주일간 식민지 조선에 머물렀고, 수많은 언론이 이들의 행적을 속속들이 보도했으며, 연일 무선통신 기술에 대해 소개하는 특집 보도를 했다. 그만큼 이 시절의 무선통신 혁명은 가히 폭발적이었다. 전신케이블 없이 대서양을 횡단하는 무선통신이 성공하자 전 세계는 충격에 빠졌고, 그 공로로 1909년 마르코니는 독일 과학자 카를 브라운(TV 브라운관의 그 브라운)과 노벨상을 공동 수상했다. 하지만 브라운은 제1차 세계 대전 중 미국을 방문했다가 전범국 인사로 몰려 억류되고, 결국 미국에서 사망한다. 한편, 마르코니가 조선을 방문하던 시절의 국제 정세는 다시 소용돌이치고 있었다. 세계 대공황의 혼란으로 독일에서 히틀러의 나치즘이 대중의 지지를 얻기 시작하고, 마르코니의 조국 이탈리아에서는 무솔리니의 파시즘이 득세했다. 마르코니는 기꺼이 파시스트가 되어 무솔리니에게 적극 협력했다. 마르코니는 제2차 세계 대전이 발발하기 직전인 1937년 사망했다. 그의 나이 63세였다. 마르코니가 오래 살아 제2차 세계 대전에 휩쓸렸다면, 그에 대한 평가는 어떻게 되었을까. 어쩌면 제1차 세계 대전에 휩쓸린 노벨상 공동 수상자 브라운과 같은 운명이었을지도 모른다. 참고로 식민지 조선은 1927년, 첫 라디오방송이 시작되었다.

아일보》가 5만 5,000부를 판매했다는 사실로 보면 신문 구독자를 능가하는 수준이다. 하지만 1941년 태평양전쟁이 시작되자 한국어 방송은 중단된다. 이에 경성 방송국 엔지니어들이 해외 단파를 수신해서 제2차 세계 대전의 전황을 국내에 알리는 역할도 했는데, 그 과정에 많은 사람이 투옥되었다.[62] 이를 청취한 상당수 지식인은 이미 일본의 운명을 알고 해방을 준비했다.

1945년 8월 6일 히로시마. 고종의 손자이자 흥선 대원군의 장손 이우는 엉덩이가 아프다는 부관에게 자동차를 주고, 자신은 말을 타고 출근하던 중 피폭당한다. 실신한 상태로 발견된 그는 큰 외상 없이 병원으로 후송되어 곧 회복해 대화도 나눈다. 하지만 그날 밤 갑자기 상태가 악화하여 사망했다. 전형적인 방사선 피폭에 의한 죽음이었다. 8월 8일 그의 유해는 부관에 의해 비행기에 실려 운현궁으로 운구되고, 부관은 운구를 마치고 자살한다. 그의 장례식은 8월 15일 12시에 거행되려다 일본의 '특별 발표' 때문에 3시로 연기되어 치러졌다.

---

62 이를 '단파방송 밀청 사건(短波放送密聽事件)'이라고 한다. 신간회 사건으로 4년간 옥고를 치르고 변호사 자격을 박탈당한 허헌은 이 사건에도 연루되어 다시 수감된다. 1945년 4월 병보석 후 치료를 받던 그는 해방 정국에서 여운형의 건국준비위원회에 참여했다가 월북했다.

◎ 나가사키에 두 번째 원자폭탄이 투하된 1945년 8월 9일, 《매일신보》 1면에 실린 이우 공의 부고.

고종의 손자이자 순종의 조카인 그는 사흘 전 히로시마에 떨어진 원자폭탄에 의한 피폭으로 사망했다. 고종의 세 아들은 첫째가 순종, 둘째가 의친왕, 셋째가 영친왕 이다. 후사가 없던 순종의 후계자는 여러 복합적인 사정으로 의친왕 대신 어린 막 냇동생 영친왕으로 결정된다. 1919년 의친왕은 대한민국임시정부로 망명 중 발각 되어 국내로 압송되었다. 의친왕은 공의 지위를 박탈당하고 큰아들 '이건'이 물려 받았다. 의친왕의 둘째 '이우'는 박영효의 손녀 박찬주와 결혼하고 흥선 대원군 장 손의 지위를 이어받는다. 한편, 그의 형 이건은 1947년 일본 이름으로 바꾸고 일본 에 귀화했다.

◎ **1945년 8월 14일 자 총독부 기관지인 《매일신보》.**

곳곳에서 일본군이 선전하고 있다는 등, 도저히 일본의 패망을 예상할 수 없는 내용이다. 그러나 같은 날 일본 정부는 이미 항복을 결정하고 연합국에 통보했다. 총독부는 여운형에게 다음 날 오전에 만나자는 연락을 취한다. 이미 단파 라디오를 듣고 전황을 알고 있던 여운형은 일본의 패망을 예상하고 비밀리에 건국준비위원회를 조직해두고 있었다.

8월 15일 12시에 라디오를 통해 천황의 '특별 발표'가 있었다. 하지만 천황은 이 방송에서 단 한 마디도 '항복'이라는 단어를 사용하지 않았다. 다만, 세계 평화를 위해 포츠담선언을 '받아들여준다'며 마치 연합국에 시혜를 베푸는 듯한 내용으로 말했다. 물론 포츠담선언은 일본의 무조건항복을 요구하는 것이지만, 이 요구 사항은 일반인들이 모르므로 천황의 발표는 도무지 무슨 말인지 알 수 없었고 다들 어리둥절한 상태였다.

15일 오전, 여운형은 총독부와 정무총감 집에서 만난다.[63] 총독부는 자신들의 안전 보장을 요구하고, 여운형 역시 자신의 조직 건준이 총독부의 행정 권한을 이양받을 수 있도록 협상한다. 같은 시간, 김동인이 총독부를 방문했다. 일본의 항복을 전혀 인지하지 못한 그는 훨씬 강력한 작가 동맹으로 천황의 군대를 지원하겠다는 야심 찬 계획을 제시하지만, 어떻게 안전하게 조선에서 탈출할지 고심하던 총독부는 무시한다. 반응이 영 시원찮아 머쓱해진 김동인은 영문도 모른 채 발길을 돌렸다가 일본의 항복 소식을 알게 되었다. 같은 친일 문학인 서정주 역시 '일본이 패망하리라고는 전혀 예상하지 못했

---

63 1945년 8월 15일 여운형이 조선총독부와 권력 이양 담판을 벌인 정무총감의 집은 현재 '한국의 집'이 되었다.

다'고 실토할 만큼 많은 조선 지식인이 그들의 언론 통제에 놀아났다.

여운형이 휘문중학교에서 연설하던 8월 16일, 서울 YMCA 회관에서 우리나라 최초의 학술 단체 '조선학술원'이 결성된다. 이 모임은 이병도, 백남운, 홍명희 등을 주축으로 과학자로는 상대성이론 강연 스타 최윤식과 최초의 이학박사 이원철, 일본에 있던 이태규와 리승기 그리고 만주에 있던 도상록까지 모든 분야의 대표적인 지식인이 전부 포함되었다. 그날 저녁 경성공업전문학교에서 설립 총회가 이루어질 만큼 이미 해방을 준비하던 사람들이 있었다. 같은 날, 경성제국대학을 조선인들이 접수해 '경성대학 자치위원회'가 만들어진다.

경성제국대학뿐 아니라 국내 여러 학교에서 일본 세력을 몰아낸 지식인들은 2학기 수업과 다음 해 신입생 모집을 준비했다. 이미 8월 11일부터 소련군이 한반도 북쪽에 진입해 일본군과 교전을 시작했고, 13일 청진에서는 시가전까지 벌어졌다. 게다가 이때 서울에는 소련 영사관이 자리했기에 상당수 지식인은 전황을 알았다. 그리고 준비하고 있었다.

8월 21일 함흥에 진주하기 시작한 소련군은 24일 일본인 지사에게 행정권을 접수받는다. 하지만 함흥 건준 지도부는 소련군에 강력히 요구해 자치권을 이양받았다.[64] 그런데 같은 날, 함흥의 소련군 사령부는 경원선을 끊어 삼팔선에서 인적

물적 교류를 단절시킨다. 이 무렵, 함흥의학전문학교 교수였던 황진남은 급히 서울로 가서 여운형과 모종의 협의를 하고 있던 것으로 짐작된다. 예상치 못한 삼팔선 분할에 서울의 황진남은 함흥에 남은 프랑스인 아내, 갓 태어난 아들과 연락이 끊긴다.

9월 7일, 일본군 무장해제를 위해 인천으로 상륙을 준비하던 미군은 삼팔선 이남에 군정이 실시될 것을 선언했다. 급박해진 정세에 여운형은 미군에 메시지를 전달한다. 그는 이미 해방과 독립 국가 건설을 준비하고 있었음을 밝히고, 건준 위주의 정부를 구성하겠다며 8일 새벽, 미군에 그 명단을 전했다. 이 리스트에 함흥의전 교수 황진남이 포함된다. 하지만 9월 20일 조선총독부 건물에 미 군정청이 설치되었다. 이에 다시 여운형은 황진남을 대동하고 10월 4일 미 군정청을 방문한다.

---

64 소련군에 권력 이양을 받은 함흥 건준은 도용호, 최명학 등이 이끌었다. 의사였던 최명학은 세브란스 의전 교수 출신으로 최초의 해부학 박사였고, 1933년에는 최초의 영문 의학 학술지의 발행인 겸 편집장을 맡기도 했다. 하지만 1936년 세브란스 의전 입시 부정 의혹을 밀고했다는 혐의로 권고 사직을 당한 뒤 함흥으로 갔다. 당시 입시 부정 행위자로 지목된 당사자는 이영준으로, 나중에 세브란스 병원장을 거쳐 해방 후 정계에 진출해 국회부의장이 되었다. 최명학에게 사직을 권고한 당시 세브란스 의전 교장은 오긍선이다. 그는 서재필의 영향으로 이승만, 주시경과 협성회 활동을 했던 인물로, 미국에서 의학 박사 학위를 받고 귀국해 우리나라 의학 발전에 많은 기여를 했다. 하지만 오긍선은 1945년 9월 남한에 진주한 미군에 여운형을 친일파라고 말했다고 알려져 있다. 1949년 오긍선은 반민특위의 조사를 받았으며, 《친일인명사전》에 올랐다.

엔도 총감에게 권력 이양을 받기로 합의한 지 불과 40일 만의 일이다. 미국은 여운형의 주장을 무시하고, 건준의 자치권은 인정되지 않는다. 11월 23일 김구를 포함한 대한민국임시정부 인사들 역시 개인 자격으로 귀국했다. 다음 날인 24일 여운형은 황진남을 데리고 김구를 찾아가 면담했지만, 그들이 할 수 있는 일은 없었다.

대학 역시 자치권을 인정받지 못했고 미 군정 주도로 상황이 급변하고 있었다. 10월 미 군정청은 경성제국대학을 경성대학으로 바꾸었다. 유길준의 아들 유억겸이 학계를 재편하는 업무를 맡았다. 일본인 교수와 학생이 물러나고 빈 곳이나 다름없이 남은 경성대학의 재건이 시급했다. 유억겸은 일제에 의해 연희전문에서 쫓겨났던 이춘호와 최규남을 불러들인다. 11월, 일본에 있던 교토제국대학 3인방 이태규, 리승기, 박철재가 함께 귀국했다. 미 군정은 최규남의 스승 이춘호를 경성대학 총장으로, 이태규를 이공학부장으로 임명한다. 이태규가 귀국하기 전이라 최규남이 이공학부장 대리로 활동했다. 하지만 임명된 이들은 경성대학을 장악하지 못했다. 그 중심에는 만주에서 귀국해 활발히 움직이던 도상록이 있었다.

9월 초, 경성여자의학전문학교[65]에 과학자들이 모였다. 서울에 있던 최윤식과 최규남, 여기에 만주에 있던 도상록이 합류하면서 학회의 모습이 꾸려졌다. 11월 3일 개강한 경성대학의 물리학 교수에 도상록이 임명되면서 강의는 주로 도상록이 맡았다. 그리고 그는 물리학과는 물론 경성대학 교수 모임 전체를 주도했다. 이미 미 군정이 경성대학 이공학부장 대리로 최규남을 임명했으나, 경성대학 자치위원회는 도상록을 중심으로 움직이면서 이공학부에 이중 권력이 시작되었다. 그리고 도상록은 그해 말 벌어진 신탁통치 논쟁에서 찬탁 입장을 취하면서 이념 논쟁의 중심에 선다.

새로 출범한 경성대학의 수학 강의를 누가 맡을 것인지를 결정한 과정은 흥미롭다. 서울에 있던 15명의 수학자가 모여 누가 경성대학 수학과 교수가 될 것인지 투표를 했다. 여기서 김지정, 유충호, 이임학 세 명이 뽑혔다. 당시까지 도쿄제국대학 수학과 출신 조선인은 상대성이론 순회강연의 최윤식을 비롯해 김지정과 유충호 단 세 사람이었다. 이미 경성광산전문학교 교수였던 최윤식을 불과 24세였던 이임학이 대신할 정도로 그의 수학 실력에 대한 명성은 높았다.

1945년 12월, 최지환의 아들 최형섭도 경성대학 강사로 합류했다. 진주에서 군대해산에 결정적 역할을 한 최지환의 아들로 태어난 그는 아버지가 충청도 여러 곳의 군수를 지냈기

---

65 1948년 서울여자의과대학으로 승격되었고, 1971년 고려대학교에 인수되어, 고려대학교 의과대학이 된다.

에 대전에서 자랐다. 최지환은 아들이 법대에 진학하길 원했다. 하지만 최형섭은 공대를 고집해, 1939년 와세다대학 채광야금학과에 진학한다. 귀국할 무렵 해방이 되자, 그는 진주의 아버지 회사에 잠시 근무했다. 우연히 출장차 서울에 갔다가 와세다대학 동료들을 만나 막 출범한 경성대학 이공학부 이야기를 들었다. 그리고 다시 아버지의 뜻을 어기고 경성대학 강사로 합류한 것이다. 하지만 이듬해 경성대학은 격동에 휩싸인다.

한편, 최형섭 박사가 와세다대학에서 금속공학을 공부하던 무렵, 동년배 한국 청년 한 명이 와세다에 입학했다. 그의 이름은 신격호. 그는 화학공학을 선택했다. 1944년 전공을 살려 공작기계의 필수품인 '절삭유(cutting oil)' 공장을 차렸으나, 연합군의 폭격으로 공장은 불타버린다. 투자받아 재건하지만 이마저 공습으로 잿더미가 되었다.

전쟁이 끝나자 그는 포기하지 않고 화학 지식을 활용한 사업에 계속 도전했다. 절삭유 원료인 피마자기름으로 비누와 포마드 오일을 개발해 크게 성공한다. 이 돈으로 '히카리 특수화학연구소'를 차려 화학제품군을 확장했다. 이때 그의 눈길을 끈 제품이 있었다. 일본에 진주한 미군이 가져온 신기한 물건인 껌이었다. 그는 세계 최대의 껌 회사인 미국의 리글리(Wrigley)가 원래 비누 회사였다가 품목을 전환한 이야기에 주목했다. 그리고 공정 개발에 착수한다. 와세다대학 이공학부 출신들을 영입해 이 연구에 투입했다. 당시 여러 일본 회사가 껌 개발에 나섰지만, 화학공학 출신으로 각종 화학제품 생산 경험이 풍부한 신격호가 단연 선두에 섰다.

1948년, 껌이 성공하자 신격호는 히카리 특수화학연구소 이름을 '롯데'로 바꾸었다. '롯데(Lotte)'는 문학청년 신격호가 좋아하던 《젊은 베르테르의 슬픔》의 주인공 샤를로테(Charlotte)에서 따왔다. 그 역시 사업 실패로 자살 충동에 사로잡힌 적이 있었고, 당시 일본의 전후 분위기는 동맹국이었던 독일에 대한 막연한 로망이 퍼져 있었다. 껌에서 올린 탄탄한 매출을 발판 삼아 과자와 라면으로 확장한 그는 자신의 전공으로 창업에 성공한 초기 이공계 인물 중 한 명이다.

최형섭(1920년생)과 신격호(1921년생)가 와세다대학에서 공부하던 1940년대 초, 문선명(1920년생)도 이곳에서 유학했다. 그의 전공은 전기공학이었다. 당시 와세다대학 건축과에는 통영 나전칠기 장인의 아들 엄덕문(1919년생)도 있었다. 그가 설계한 대표적인 건물이 세종문화회관이다. 1972년 박정희 대통령의 지시로, 7·4 남북공동성명을 위해 비밀리에 북한을 다녀온 이후락 중앙정보부장은 평양대극장과 인민문화궁전과 같은 대형 공연장에 놀란다. 박정희 정부는 급히 이에 필적할 공연장 건축에 나섰다. 이것이 세종문화회관의 시작이다.

박 대통령은 북한을 능가하는 5,000석 이상의 객석과 북한 극장 스타일처럼 기와 구조로 만들 것을 요구한다. 하지만 엄덕문은 거부했다. 부지가 좁을 뿐 아니라 공연장의 음향 문제가 심각해진다는 이유였다. 그리고 굳이 기와 양식을 고집하지 않고도 전통의 맛을 살릴 수 있다고 했다. 그는 평양과의 경쟁심에 사로잡힌 대통령에게 다음과 같이 말했다고 한다.

"기와만이 한국적인 것은 아닙니다. 평양은 평양대로의 스타일이 있고, 우리는 우리대로의 문화와 창조의 세계가 있습니다. 우리의 것을 창조하는 것이 평양보다 한 수 위가 되면 되는 것이죠."

대신 엄덕문은 꼭 필요하다고 주장했던 공연장 앞 광장을 포기하고 객석을 4,000석 규모로 절충했다. 또한 기와 없이 전통 건축 구조와 문양을 곳곳에 심어 전통의 현대화를 이루었다. 나전칠기 집안에서 자란 그는 누구보다 전통 양식에 대해 잘 알고 있었다. 광화문 거리의 랜드마크는 이렇게 탄생했다.

지난 2022년 세종문화회관 앞 광장 조성 공사가 완료되었다. 엄덕문의 원래 아이디어였던 광장이 결국 실현된 것이다. 엄덕문은 문선명과 평생 친구였다. 해방 전 가시마 건설에서 같이 일했던 그는 한때 통일교의 핵심 인사로 활동하기도 했

다. 그리고 신격호의 소공동 롯데 호텔과 백화점도 그의 작품
이다.

좌우 대결과 남북 분단

제주 김녕초등학교에 세워진 부종휴 선생과 꼬마탐험대 기념비. 1946년 가을, 교사 부종휴는 제자들과 함께 동굴을 발견한다. 제주 출신인 그는 1945년 3월 진주사범학교를 졸업하고 고향에 돌아가 김녕초등학교 교사로 부임했다. 부종휴는 1946년 4월, 과학반을 만들었고 초등학생들과 동굴 탐험을 시도했다. 이름은 '꼬마탐험대'. 부종휴는 동굴 탐험 훈련을 마친 어린이들을 이끌고 아무도 가지 못한 미지의 동굴 탐사에 나선다. 도무지 끝이 보이지 않는 굴의 길이에 놀란 그는 일단 철수하고, 더욱 철저한 탐사 준비를 했다. 이후 충분한 횃불과 길이를 측정할 긴 줄을 가지고 이 동굴 끝까지 갈 계획을 세운 그는 다섯 시간의 어둠 속 행군 끝에 마침내 지상으로 통하는 구멍을 발견한다. 측정된 길이는 7킬로미터. 이들이 동굴의 끝에서 발견한 이 구멍은 오래전부터 '만쟁이거멀'이라고 불리던 곳으로, 새로 발견된 동굴의 시작점으로 확인되었다.

1946년이 되자 해방 정국은 요동치기 시작했다. 삼팔선으로 남북이 갈리며 한반도는 냉전의 최전선에 서게 되고, 새로운 나라를 어떻게 세울지 곳곳에서 좌우로 나뉘어 첨예하게 대립한다. 1946년 5월 미소공동위원회가 결렬되자, 여운형은 어떻게든 분단을 막기 위해 좌우합작에 나섰지만, 한쪽으로만 선택을 강요하는 분위기에 그는 양쪽 모두의 공격을 받았다. 여운형과 함께 활동하던 황진남도 마찬가지였다. 한 달 뒤 6월 24일 황진남은 여운형과 동행했다가 집단 폭행을 당한다. 언론이 대대적으로 보도할 만큼 충격적인 사건이었다. 이후 좌우 대결은 더욱 노골적인 물리적 충돌로 이어진다.

과학도 예외가 아니었다. 시작은 6월 초, 도상록 교수에 대한 전격적인 파면 조처였다. 당시 경성대학은 자치위원회로 돌아가고 있었고, 도상록은 위원회의 핵심 인물이었다. 건준을 인정하지 않던 미 군정은 자치위원회 역시 인정하지 않았고, 도상록이 자치위원회를 통해 대학 자금을 사용한 것을 공금 횡령으로 몰아간 것이다. 해방되었지만, 여전히 식민 지배 스타일의 강압적인 지배 구조가 이어지자 학계가 반발한다. 파면된 도상록은 월북해서 7월 3일 김일성을 만났다. 그리고 그의 주도로 김일성종합대학의 밑그림이 그려졌다. 이런 과학계의 분열에 결정타를 주는 사건이 터진다.

1946년 7월 13일, 미 군정은 '국립종합대학 설치 계획안(국대안)'을 발표한다. 국대안의 요지는 경성대학과 경성의전, 경성광산전문학교, 경성공업전문학교 등 관립 전문학교 9개를 합쳐 하나의 종합대학으로 만든다는 계획이다. 사실상 보성전문(고려대학교), 연희전문(연세대학교), 이화여전(이화여자대학교)을 제외한 거의 모든 고등교육기관을 하나로 모은 것이다. 이것이 서울대학교의 시작이다. 도상록의 해임을 둘러싼 논란이 가시기 전에 이루어진 이 조치로 9월, 이공학부 교수 38명이 집단 사표를 내고 대부분 월북했다. 수학과 교수 김지정, 유충호, 이임학 3인 역시 북쪽을 택했다. 고향이 평안도 선천인 최윤식은 9월에 고향을 방문했다가, 곧 남쪽으로 내려와 이들세 교수의 빈자리를 맡는다. 10월 개교한 서울대학교에서 이태규는 문리대 학장이 되고, 리승기는 공대 학장으로 수습에 나섰다. 수학과 교수들이 월북해버린 상태에서 최윤식이 수학과 초대 주임교수를 맡았고, 교토제국대학 3인방 중 한 명인 박철재가 물리학과 초대 주임교수로 합류한다. 하지만 국대안을 둘러싸고 서울대학교는 더욱 격렬한 소용돌이에 휩쓸렸다. 원인과 진행 과정에 대해서는 다양한 분석이 있으나, 이 역시 이념 분쟁의 결과라는 데는 큰 이견이 없을 것이다.

교수 간, 학생 간 대립에 무려 5,000여 명이 제적되고 380명의 교수가 해임되었다. 이들 상당수가 월북하여 김일성종합대학에 합류한다. 김일성종합대학 역시 서울대학교와 마찬가지로 1946년 10월에 개교했다. 남북한 정부가 수립되기도 전이었다. 과학계의 이념 분열로 그나마 몇 안 되던 인력 풀조차 붕괴했다.

이런 혼란 속에도 과학자들은 자신의 길을 묵묵히 갔다. 1946년 7월 이태규는 경성공업전문학교에서 조선화학회를 결성하고, 9월에는 대한화학회로 이름을 바꾸어 출발했다. 10월 최윤식은 조선수물학회를 창립하고 초대 회장이 된다. 수학과 물리학을 합친 '수물학회'라는 명칭은 일본에서 유래한 것이다. 이미 1845년 독일물리학회가 시작되고, 1899년 미국물리학회가 시작되었지만, 일본의 경우는 1877년의 도쿄수학학회가 1884년 물리학을 포함하는 도쿄수물학회로 확대되고, 이것이 1919년 일본수물학회가 되었다. 조선수물학회가 만들어지던 1946년, 일본수물학회는 일본수학학회와 일본물리학회로 분리되었다. 조선수물학회 역시 1952년 대한수학회와 한국물리학회로 분리된다.

함흥에 남은 어머니와 형제들을 만나기 위해 북쪽으로 넘어간 이임학은 김일성종합대학에서 잠시 교편을 잡았으나, 경직되어가는 북한 사회에 반감을 품고 탈출한다. 이후 휘문고등학교와 이화여자고등학교에서 근무하던 중 1947년 서울대학교 수학과에 다시 합류했다. 그를 부른 것은 최윤식이었다. 학술지와 도서 구입이 전무하던 시절, 이임학은 미국 수학

◎ **1946년 7월 3일 경성대학 이공학부 제1회 졸업식.**

앞줄 우측 네 번째가 이태규 교수, 왼쪽에서 다섯 번째가 리승기 교수. 교토제국대학 시절부터 친분이 두터웠던 두 사람은 여전히 가까이 지냈다. 하지만 이 사진에서 좌우로 앉은 두 사람처럼 당시 대학은 좌우로 분열되어 있었다. 해방 후 경성제국대학은 경성대학이 되었고, 교토제국대학 교수 이태규, 리승기 두 사람은 귀국해 경성대학에 합류한다. 그들은 꿈에 부풀어 있었고, 이공학부 첫 졸업식(이자 마지막 졸업식)이 사진과 같이 열린 것이다. 하지만 사진을 찍기 직전인 6월, 이공학부를 실질적으로 이끌던 물리학자 도상록이 해임된다. 이를 기점으로 과학에서도 좌우 분열이 시작되고, 사진 속 인물의 절반이 북쪽으로 넘어갔다. 해방 후 이념 분쟁으로, 그나마 있던 우리 과학 역량은 이렇게 반 토막 났다.

교재를 번역 출판하고 있었고, 최윤식 역시 고등 미분학을 번역하고 있었다. 그해 말 기적 같은 일이 일어났다. 학생들의 교재를 고민하던 이임학은 남대문시장 쓰레기 더미에 쌓인 책들을 보게 된다.

여기서 우연히 발견한《미국수학회보(Bulletin of American Mathematical Society)》1947년판에서 초른(Max Zorn) 교수의 미해결 문제를 보았다. 그리고 곧 자신은 그 문제를 풀 수 있다는 것을 알게 된다. 하지만 당시 한국에서 해외 학술지에 어떻게 투고해야 하는지를 몰라, 일단 초른 교수에게 논문을 보내 대신 투고해달라고 했다. 초른은 처음 받아본 동양인의 논문을 흔쾌히 투고해 1949년 같은 학술지에 실린다. 막스 초른은 이후 45년을 더 살았지만 더 이상 논문을 발표하지 않았다. 하지만 이임학은 자신의 논문이 게재된 것을 당시에는 몰랐고, 한참 뒤에 알게 된다. 나중에 세계 수학계를 흔들게 되는 이임학은 국제 무대에 이렇게 처음 등장했다.

이태규는 가르치던 제자와 후배 교수가 자신을 공격하자 큰 충격을 받는다. 결국 1948년 두 번째 미국행을 택한다. 아이링 교수가 있던 유타대학이었다. 이때도 김연수가 무려 20만 원을 지원했다. 이와 달리 리승기는 한국전쟁 중이던 1950년 7월 31일, 제자와 후배 교수 들을 이끌고 월북해서 김일성종합대학에 합류한다. 교토대학 3인방 중 박철재만이 서울대학교에 남았다. 이 상황을 안타까워하던 이태규 교수는 미국에서도 한국의 과학 발전에 공헌했다. 서울대학교에 있던 후배들을 유타대학으로 불러 박사과정을 밟게 한 것이다. 귀국한 그들은 전쟁 후 대한민국 학술 발전에 주도적인 역할을 맡았다. 나중에 박철재는 한국의 원자력발전에 초석을 만들었고, 월북한 도상록은 북한에서 핵물리학을 이끌었다.

양자화학을 전공한 이태규 박사는 미국 유타대학에서 아이링 교수와 비뉴턴(Non-Newtonian) 유체의 점성을 어떻게 표현하는지에 대한 연구로 세계적인 주목을 받았다. 이를 '리-아이링 이론(Lee-Eyring viscosity relations)'이라 부른다. 그 업적으로 이태규는 노벨상 후보가 되었으며, 1965년에는 한국인 최초로 노벨상 후보 추천 위원이 되었다. 월북한 리승기는 비날론을 발전시켜 1961년 사회주의권의 노벨상이라 불리는 레닌상을 수상하며 북한을 대표하는 세계적인 과학자가 되었다.

1972년 7·4 남북공동성명을 위해 북한을 비밀 방문했던 이후락 중앙정보부장이 리승기를 만난다. 리승기는 이태규의 안부를 물었고, 이 이야기를 들은 박정희 대통령은 최형섭 과학기술처 장관에게 즉시 이태규를 국내로 초청하도록 지시했다. KIST의 산파 역할을 한 이태규 교수는 이렇게 1973년 귀국해 KAIST에서 말년을 보냈다. 1992년 사망한 이태규는 과학자로는 최초로 국립묘지에 안장되었고, 1996년 사망한 리승기는 평양 애국열사릉에 묻혔다. 지난 2000년 남북이산가족상봉 행사에 리승기의 미망인 황의분이 남쪽으로 내려와 가족을 만났다.

이처럼 해방공간의 분열과 혼란 속에서도 과학자들은 자신의 길을 묵묵히 걸었다. 여기에 이념이 만든 시대의 비극을 과학으로 극복하려던 이야기도 있다. 어린 제자들과 동굴을 발견한 제주 김녕초등학교 교사 부종휴는 1947년 2월 24일, 학교 운동장에서 이 동굴의 이름을 '만장굴'로 발표하는 행사를 열었다.[66] 하지만 며칠 뒤 제주에서 발생한 사건으로 만장굴은 세상에 알려지지 못한다. 제주에서는 1947년 3·1절 기념식에서 경찰의 발포로 시민이 여러 명 사망한다. 이를 기점으로 소요 사태가 다수 발생하기 시작해 1948년 4월 3일, 제주 전역에서 무장봉기가 일어났다. 이를 제주 4·3사건이라고 한다.

영화 〈용길이네 곱창집〉(2018년)은 왜 재일 교포들이 제2차 세계 대전이 끝나고도 일본에 남았는지를 말해준다. 그 배경에는 제주 4·3사건이 있었다. 제2차 세계 대전의 전범국 일본은 한국전쟁과 냉전을 이용해 고도성장을 하지만, 영화는 그

---

66 부종휴와 함께 1945년 3월 진주사범학교를 졸업한 동기로는 LG그룹 창업주 구인회의 아들 구자경이 있다. 그는 사범학교 졸업 후 수년간 교사 생활을 하다가 아버지 회사에 합류했다.

◎ **1930년 11월 7일 자 《동아일보》 기사. '우리의 배' 교룡환의 출항 광경.**

식민지 조선 노동자들이 일본에서 자리 잡자, 이들은 공업의 중심지 오사카 지역으로 몰려들었다. 주목할 점은 상당수가 제주 출신이라는 것이다. 때문에 오사카-제주 직항 편은 늘 만원이었다. 이에 일본 선주들이 폭리를 취하자, 오사카에 거주하던 제주민들이 독자적으로 증기선을 구입해 운항한다. 이처럼 일본에 정착한 조선인들의 경제력은 상당했다. 하지만 1945년 전쟁이 끝나자 맥아더 사령부는 이들의 재산을 일본에 동결시키고 한국으로 가져가지 못하게 했다. 이것이 많은 재일 교포가 귀국을 포기한 이유이기도 하다. 반대로, 한국에 있던 일본인들의 재산도 한국에 남게 되었다. 일본인이 버리고 간 '선경직물회사'에서 SK가 시작되었고, '기린맥주'에서 두산이 시작되었다. 이외에도 한화, 신세계, 한국타이어, 한진, 해태 등 수많은 재벌이 이렇게 탄생했다. 한편, 1965년 한일기본조약에 따라 한국의 일본에 대한 청구권 포기와 동시에 일본이 한국에 남긴 재산에 대한 권리도 영구히 포기하게 되었다.

속에서 빈민처럼 살아야 했던 재일 교포들을 보여준다. 일본 연극계의 거장이 된 재일 교포 정의신 감독의 연극 〈야키니쿠 드래곤〉(2008년)을 원작으로 하는 이 영화는 일본에서 선풍적인 인기를 끌었다. 마찬가지로 재일 교포 출신 양영희 감독의 〈수프와 이데올로기〉(2022년) 역시 제주 4·3사건이 일본 교포 사회 형성에 얼마나 큰 영향을 주었는지를 말하고 있다.

4·3사건은 제주를 초토화했고, 한국전쟁이 끝난 뒤에도 계속되어 1954년에야 마무리되었다. 김녕초등학교를 떠나 제주 농업학교 등에서 교사 생활을 하던 부종휴는 4·3사건으로 입산 금지된 제주 산간 지역 탐사에 나선다. 그는 제주에 자생하는 수많은 식물을 기록하고 알렸는데, 1962년 왕벚나무 자생지를 발견한다. 이로써 20세기 전반에 걸쳐 일본 학계와 벌였던 왕벚나무 원산지 논쟁에 중요한 분기점이 마련되었다.[67]

부종휴는 4·3사건의 후유증에 시달리던 제주를 알리고자 이벤트를 생각해냈다. 1969년 부종휴는 자신이 발견한 만장굴에서 결혼식을 올렸고, 이것이 《조선일보》《중앙일보》 등에 대서특필되며 순식간에 만장굴은 한 해 수십만이 찾는 관

---

67 후속 연구로 일본의 왕벚나무와 제주의 왕벚나무는 별개의 종으로 밝혀져, 원산지 논쟁은 큰 의미가 없어졌지만, 아직 일본에서는 왕벚나무의 자생지가 발견되지 않고 있다.

광 명소가 되었다. 제주에서 계속 동굴 탐사를 하던 그는 1971
년, 세계가 놀랄 발견을 했다. 이것이 당시 세계 최장이던 길이
11.7킬로미터에 달하는 빌레못동굴로, 여기서 구석기로 추정
되는 유물도 발견되었다.

부종휴는 말년에 경제적으로 어려웠고, 건강마저 좋지 않
았다. 1980년 11월 22일 새벽, 술을 마시고 귀가하던 그는 시
신으로 발견되었다. 향년 54세였다. 한라산 자락에 묻힌 부종
휴의 묘비에는 이렇게 씌어 있다.

산과 브람스와 커피, 파이프와 한라산을 진정으로 사랑했던 분

2016년, 제주에서는 만장굴 발견 70주년 기념행사로 부종
휴와 '꼬마탐험대'의 동상 제막식이 열렸다. 70년 전 부종휴의
손에 이끌려 만장굴을 발견한 어린이 중 아직 생존해 있는 세
명의 노인이 참석했고, 부종휴가 가장 좋아했던 〈브람스 교향
곡 3번〉이 행사장에 울려 퍼졌다.

제막식 식전 행사로 80대 노인이 바이올린으로 서툰 연주
를 했다. 김녕초등학교 시절, 부종휴는 과학반 외에 음악반도
만들었는데 이 노인은 그에게 바이올린을 배웠다. 음악을 전
공하지 않았지만, 자신에게 바이올린을 가르쳐준 부종휴 선
생님에 대한 존경의 의미로 이날 다시 바이올린을 든 것이다.

여운형, 황진남, 서재필

1947년 보스턴 마라톤 대회에서 우승한 뒤 인천항으로 귀국하는 남승룡 코치, 서윤복 선수, 손기정 감독. 우승 직후 여러 사정으로 바로 귀국하지 못하고 무려 43일간 미국 여러 곳을 돌며 교민들의 열렬한 환영을 받았다. 한국에서는 이들을 맞이하기 위해 집집마다 30원씩 걷어 시민 환영회를 열었다. 3년 뒤, 1950년 4월 19일에 열린 보스턴 마라톤 대회에서는 1등에 함기용, 2등에 송길윤, 3등에 최윤칠이 입상하며 세계 마라톤 대회 사상 최초로 한 국가가 금·은·동을 동시에 수상하는 기록을 세운다. 이는 2007년 케냐 선수들이 베를린 마라톤 대회를 석권할 때까지 무려 57년간 깨지지 않은 대기록이다. 하지만 이 기쁨이 가시기도 전에 우리나라는 비극적인 전쟁에 휩싸인다.

1946년 8월 지하련은 소설 〈도정(道程)〉을 발표했다. 황석영은 이 작품을 해방공간을 그려낸 수작으로 높이 평가했다. 일제 말 문인들이 붓을 꺾을 때, 지하련은 오히려 〈결별〉을 시작으로 여러 작품을 쏟아냈다. 끊임없이 젠더 정체성을 고민하고 세심한 사유와 날카로운 성찰을 담았다. 하지만 지인들은 변절했다.

해방공간은 그녀에게 더욱 충격을 주었다. 친일 변절자는 우파 민족주의자들에게만 있는 것이 아니다. 사회주의자들도 마찬가지였다. 일제에 굴복한 기회주의자였던 좌파 지식인들이 해방 후 공산당 최고 간부가 되었다. 이런 상황을 그려낸 것이 소설 〈도정〉이다. 지하련은 친일파들이 사회주의자로 변신하는 황당함에, 도대체 양심이란 게 무엇인지 묻는다. 하지만 당국의 제재로 조선문학가동맹이 해체되자, 임화와 지하련 부부는 남매를 데리고 월북했다.

이처럼 해방 정국에서 벌어진 좌우 대결의 혼란에서 여운형이 가장 서두른 일은 조선체육회를 부활시키는 것이었다. 스스로 조선체육회 회장이 되어 1946년에는 올림픽 대책위를 만들어 IOC(International Olympic Committee, 국제올림픽위원회) 가입을 추진한다. 하지만 대한민국은 정부 수립 전이었고, 미군정의 지배를 받는 상황이라 IOC 같은 국제기구 가입은 불가능했다. 하지만 여운형은 밀어붙였다.

◎ **1947년 2월 15일 자 《독립신보》.**

조선문학가동맹에서 지하련이 '극장은 예술가에게 넘겨라'라고 연설했다는 내용이다. 기사 하단에 '문예봉'이 보인다. 친일 영화에 배우로 참여했던 그녀는 해방공간에서 좌파 문화 권력이 된 인물이다. 월북하여 북한 최초의 공훈 배우가 되었고, 북한 정권에서 인민 배우로 승승장구한 문예봉은 1999년 사망하여 애국열사릉에 안장되었다. 친일 논란의 무용가 최승희도 월북했고, 그녀 역시 애국열사릉에 안장되었다.

1947년 4월 19일, 베를린 올림픽의 주역 손기정과 남승룡이 각각 감독과 코치를 맡아 참가한 보스턴 마라톤 대회에서 서윤복 선수가 세계신기록으로 우승한다. 출전 과정은 험했다. 미군 군용기를 얻어 타고 괌, 하와이, 샌프란시스코를 거쳐 대회 일주일 전에 겨우 보스턴에 도착했다. 서윤복은 풀코스 경험이 두 번밖에 되지 않았고, 세계 최고 수준과 기록 차이도 컸다. 손기정과 남승룡은 주눅 든 서윤복에게 자신들이 가슴에 일장기를 달고 출전했던 이야기를 상기시키며, 치밀한 작전을 세웠다. 막판 스퍼트가 주특기인 서윤복의 장점을 살리기 위해 승부처를 마지막 3킬로미터로 잡았다.

작전의 완성을 위해 남승룡 코치가 직접 선수로 참가해 달리기로 했다. 그는 손기정과 동갑내기로 같이 1936년 베를린 올림픽에 참가해 동메달을 딴 인물이다. 그로부터 11년 뒤, 열한 살이나 어린 서윤복과 함께 보스턴 마라톤 대회에 출전한 것이다. 그는 까마득한 후배 서윤복이 우승할 수 있도록 페이스메이커 역할을 기꺼이 맡았다. 성적은 12위. 전성기를 훨씬 지난 30대 중반의 나이에 굳이 현역으로 뛴 이유에 대해 이렇게 답했다.

베를린에서 손기정이 부러웠던 건 금메달이 아니라 금메달에만 주어진 꽃다발이었다. 손기정은 그걸로 가슴의 일장기를 가렸지만 난 고개만 숙이고 있었다. 이번에 선수로 뛴 이유는 태어나서 처음으로 태극기를 달 기회였고, 또 마지막이기 때문이다.

서윤복은 당시 후반부 레이스에 대해 "30킬로미터 지점에서 동포들이 흔드는 태극기를 보고 눈물을 흘리며 이를 악물었"다고 회상했다. 그리고 자신의 기록을 14분이나 단축하며 세계신기록으로 우승한다. 세 사람은 부둥켜안고 펑펑 울었다. 서윤복은 말년에 치매로 고생했지만 유독 '보스턴'이라는 단어에는 반응했다고 한다. 2017년 사망한 그는 서울 현충원에 안장되었다. 대전 현충원에 안장된 손기정에 이어 국립 묘역에 안장된 두 번째 체육인이다.

서윤복은 가슴에 'KOREA'를 새기고 세계 최고의 마라톤 대회에서 아시아인 최초로 우승했다. 보스턴 마라톤 대회는 우리 민족이 최초로 태극기를 앞세우고 출전한 세계 대회이고, 서윤복의 우승은 'KOREA'라는 이름을 전 세계에 각인시켰다. 대한민국 정부 수립 1년 전의 일이다.

1947년 6월 22일, 보스턴 마라톤 환영 인파는 엄청났다. 당시 IOC 가입을 필사적으로 추진했던 여운형은 이 모습을 보고 감격했다. 해방 정국의 좌우 대립은 심각했지만, 이날만큼은 모두가 하나였다. 스포츠의 힘이었다. 당시 국내 정치는 극심한 이념 갈등으로 좌우 분열이 극에 달했으나 이 순간만큼은 모두가 단결했고 금의환향한 선수단 환영식에서 사람들은 한마음으로 같이 환호하며 울었다. 여운형은 IOC 가입에 더욱 박차를 가하고 있었다.

이념 대립으로 혼란에 빠져 있을 때, 여운형은 겨레를 통합시킬 유일한 방법이 스포츠라고 믿었다. 보스턴 마라톤 직후인 1947년 6월 15일 시작되는 IOC 총회에 여운형은 미시간 대학 출신 전경무를 파견한다. 그런데 5월 29일 서울에서 출발한 비행기가 후지산에 추락해 전경무가 사망했다. 여운형은 미국에 있던 이원순에게 급히 연락해 IOC 총회에 대신 참가시킨다. 전경무가 사망 당시 휴대했던 서류들이 이원순에게 보내졌다. 여운형은 필사적이었다. 이처럼 눈물겨운 노력 끝에 마침내 IOC는 6월 20일 대한민국 올림픽위원회(KOC)를 승인하고, 여운형이 초대 KOC 위원장으로 취임한다. 6월 18일 서울에서 전경무의 영결식이 있었다. 6월 22일 서윤복 선수의 환영회는 이런 분위기에서 열렸다.

여운형은 대한민국이라는 나라가 정식으로 정부를 구성하기도 전에 국제기구 가입부터 이뤄낸 것이다. 엄청난 일이었고, 전국이 들썩이고 모두가 환호했다. 여운형은 너무 기쁜 나머지 1947년 7월 19일 IOC 가입 기념 범국민대회를 열기로 하고, 이를 기념하는 한국-영국 친선 축구 경기를 추진한다.

그리고 이 행사에는 IOC 총회 참석을 위해 가던 중 사망한 전경무의 묘소에서 성화를 봉송해 오기로 했다.

KOC 초대 위원장 여운형은 7월 19일, 올림픽 기념행사에서 축사를 마치고 돌아오는 길에 승용차에서 테러범의 총탄을 맞았다. 그토록 꿈꾸던 올림픽을 눈앞에 두고 사망한 것이다. 전날 여운형은 황진남과 함께 미소공동위원회 미국 측 대표 브라운 소장을 면담했다. 이 자리에서 조선 전역에 벌어지는 테러 행위에 치안 당국이 손을 놓고 있다며 항의했다. 이제 중간 지대는 용인되지 않았고, 어느 한쪽이든 선택만 강요되었다. 함흥에 가족을 두고 온 황진남은 여운형과 함께 필사적으로 좌우합작에 나섰다. 하지만 우파에게는 빨갱이라며 린치당했고, 좌파는 미제 협조자로 몰았다. 결국 여운형이 암살되며, 좌우합작은 물거품이 되고 만다. 이후 우리 민족은 돌이킬 수 없는 비극을 겪는다.

어떠한 위협에도 의연히 맞서던 여운형의 착잡한 심정은 7월 19일 피격 당일 아침, 미국에서 언론 활동을 하던 김용중에게 남긴 한 통의 편지에 고스란히 남아 있다.[68]

---

68 이 편지에서 여운형은 자신과 황진남의 인연, 그리고 해방 정국에서 두 사람이 합심해 어떤 노력을 했는지 수차례 언급한다.

◎ **1947년 7월 20일 자 《동아일보》.**

올림픽 참가 기념 경기 소식과 여운형의 피살 소식이 같은 면에 실려 있다. 우리나라가 태극기를 앞세우고 처음 참가한 올림픽은 1948년 1월 스위스에서 열린 제5회 동계올림픽이다. 당시 KOC는 세 명의 선수와 두 명의 임원을 파견했다. 같은 해 여름, 제14회 런던 올림픽에도 KOC는 선수단을 파견한다. 제2차 세계 대전으로 12년 만에 열린 이 올림픽에는 59개국 4,104명이 참가했으며, 전범국 일본과 독일은 참가가 거부되었다. 7월 29일 개막해 8월 14일에 폐막된 이 대회에 정부 수립 이전임에도 무려 67명의 선수가 출전하여, 역도의 김성집을 비롯해 두 개의 동메달을 획득한다. 이 성적은 인도에 이어 아시아 2위였다. 대한민국 정부는 올림픽 폐막식 다음 날인 8월 15일에 정식으로 수립되었다. 1952년 한국전쟁 중이던 대한민국은 헬싱키 올림픽에 죽을힘을 다해 참가했다. 김성집은 1952년 올림픽에도 참가하여 동메달을 획득한다. 그는 나중에 1972년 뮌헨 올림픽과 1984년 LA 올림픽 선수단장을 맡았고, 이후 태릉선수촌을 꾸려 체계적인 국가대표 합숙 훈련 시스템을 만들었다.

나와 나의 보조자들은 군정청의 성실성과 선의를 의심하지 않을 수 없는 일에 부닥칠 때가 많소. 북의 소련인들이 극좌 분자를 선호하는 경향이 있다면 이곳 미국인들은 또 극우 분자를 두둔하오. 좌파면 누구나, 아니 극우가 아닌 사람들은 누구나 공산주의자로 낙인찍히고 그 활동에 방해를 당하고 있소.

1941년 1월 6일 루스벨트 대통령은 의회 연설에서 세계는 네 가지 필수적인 인간의 자유 위에 기초해야 한다고 선포했소. ⑴ 언론의 자유, ⑵ 종교의 자유, ⑶ 궁핍으로부터의 자유, ⑷ 공포로부터의 자유가 바로 그것이오.

김 선생에게 하는 말이오만 나는 공포로부터의 자유가 없소. 일본의 항복으로 조선은 해방되었지만, 미 군정하에서 국립 경찰로 채용된 친일파의 손아귀에 아직도 나는 고통받고 있소이다.

1947년 8월 3일, 여운형의 영결식에서 손기정은 역도 선수 김성집과 운구를 맡았다. 1948년 올림픽에 손기정은 선수단 장으로 기수를 맡았고, 김성집은 동메달을 획득했다. 나중에 손기정은 이렇게 회상했다. 1945년 봄, 건국동맹을 꾸리던 여운형은 손기정에게 당시 일본군 중좌인 채병덕과 비밀리에 접촉하도록 지시했다. 여운형은 채병덕에게 유사 시 건준에 무기를 공급하도록 약속을 받아냈다. 비록 채병덕은 친일 일본군 장교였지만, 윤치호와도 친분을 유지했던 여운형은 이처럼 유연한 사고와 광폭 행보를 보이는 인물이었다.[69]

여운형이 암살되기 직전인 1947년 7월 1일, 이승만 견제를 위해 미 군정이 초청한 서재필이 한국에 도착했다. 서재필의 두 번째 귀향이었다. 이미 83세의 노령이던 그는 자신이 가르치고 발탁했던 후배 이승만과 대립하게 된다. 서재필에게 당시의 남북 대결 구도는 자기 인생 전체가 물거품이 된다는 의미였을 것이다. 어떻게든 분단은 막아보려던 그는 이승만 계열의 집중포화를 맞게 되고, 1948년 이승만 정권이 탄생하자 결국 미국으로 떠나야 했다. 세 번째 망명이다. 미국으로 떠나며 그가 가진 착잡한 심정은 1948년 9월 12일 《조선일보》 인터뷰 기사에 남아 있다.

문: 50년 전 망명할 때와 같은 항구에서 또다시 고국을 떠나는 감상은?

답: 50년 전 그날의 감상이나 오늘의 감상이나 다를 점이 없

---

69 채병덕은 이승만 정부에서 승진을 거듭해 1950년 6월 25일 한국전쟁이 일어날 때는 참모총장을 맡고 있었다. 하지만 사흘 만에 서울이 함락되는 등 초기 작전 실패에 대한 책임으로 전쟁 발발 5일 만에 해임되었다. 이후 현장 지휘관으로 강등되어 하동 전투에 투입되었다가 7월 27일 북한군의 저격으로 사망했다.

다. (…)

문: 동포에게 부탁할 말은?

답: 조속히 통일 국가를 만들어 잘살기를 바란다.

하지만 분단의 상황은 극한으로 치달았다. 타향에서 고국의 소식을 접하던 그는 자신의 심정을 1949년 3·1절 경축사에 육성으로 남겼다. 3·1운동은 그의 인생을 결정지은 사건이었다. 그 내용은 아래와 같다.

"이건 서재필이가 미국에서 말하는 것이오. 나는 미국에 돌아온 뒤에 신체가 좀 강해지고, 시방 건강이 매우 좋지만은 아직도 언제 조선 갈런지는 모르겠소이다. 내가 가든지 안 가든지 다만 부탁하는 말은 아무쪼록 조선 살게들 하시오. 합하면 조선이 살 테고, 만일 나뉘면 조선이 없어질 것이오. 조선이 없으면 남방 사람도 없어지는 것이고, 북방 사람도 없어지는 것이니 죽을 일을 할 도리가 있습니까? 살 도리를 하시오. (…)

한 집안으로 4,000년을 살았는데 왜 지금 나뉘어서 두 집안이 될 까닭이 있습니까? 둘이 되면 둘이 다 약해지고 살 수가 없을 터이니, 한 배 속에 든 것과 같아서 한쪽 배가 무너지면 저쪽도 망해지는 법이오. 나는 설령 미국에 있더라도 내 정

◎ **1947년 7월 1일 서재필 귀국 환영회.**
1895년 서재필의 귀국에 함께했던 부인은 1944년 사망했고, 두 번째 귀국에는 서
재필의 비서 역할을 하던 둘째 딸 뮤리엘이 같이했다(위쪽 사진 여성). 환영회에는 좌
우합작을 시도하던 여운형과 김규식이 직접 나와 반겼다(아래쪽 사진). 하지만 며칠
뒤 7월 19일 여운형은 암살당하고, 김규식은 한국전쟁 중 납북되어 사망한다. 서
재필의 사망 후, 딸들은 서재필의 유해가 한국으로 가는 것에 반대했다. 아버지의
나라 한국에 대한 양가감정도 있었을 것이고, 무엇보다 분단된 상태에 어느 쪽으
로 가느냐에 대한 고민도 했을 것이다. 두 딸이 사망한 뒤에야 여러 재미 교포의
노력으로 1994년, 서재필의 유해가 한국으로 돌아와 동작동 서울 현충원에 안장
되었다. 서재필의 세 번째이자 마지막 귀국이었다.

신은 조선 사람과 같이 있으니 아무쪼록 합심하고 합동해서
조선을 살게 해주시기를 나는 간절히 바라고 있습니다.”

그는 여전히 건강했고, 조국에 돌아가길 원했으며, 분단만
은 막아보고자 했다. 그러나 곧 한국전쟁이 일어났다. 말년의
그에게 한국전쟁은 마지막 타격이었다. 온 가족이 자살하고,
두 살 된 아들은 굶어 죽고, 미국 주류 사회의 여인과 결혼하
여 의사로 당당히 살아가다 독립운동으로 파산하면서까지 지
키려고 했던 자신의 조국. 전쟁의 충격으로 그는 1951년 1월,
87세를 일기로 사망한다. 서재필의 마지막 순간을 기억하는
미국인 친구 존 핼러한(John D. Hallahan)은 훗날 KBS 인터뷰에
서 이렇게 회상하며 눈물을 흘렸다.

“그가 죽음을 맞이하자 오히려 나는 안도했다. 그만큼 그가
고통스러워했기 때문이다.”

박문사에서 이토 히로부미의 아들에게 사죄하고 각종 친일
행사에 동원되었던 안중근의 아들 안준생 역시 해방이 되었
지만 차마 귀국하지 못했다. 안중근의 부인 김아려 여사조차
귀국하지 못하고 상하이에서 사망한다. 해방 후 한동안 행방
이 묘연했던 안준생이 전쟁 중인 1951년 부산에 나타났다. 중

◎ 이쾌대의 〈군상〉(1948년, 뮤지엄 산 소장).

해방공간을 마치 들라크루아(Eugène Delacroix)의 그림처럼 표현한 이 작품은 당시 좌우 대립의 혼란상을 적나라하게 드러낸다. 이쾌대는 이여성의 동생으로 해방공간에서 이중섭과 함께 '독립미술협회' 활동을 했다. 이여성은 1923년 도쿄 유학생들을 조직해 순회강연단을 이끌며 조선 전역에 '상대성이론' 강연 열풍을 퍼뜨렸고, 1945년의 해방공간에서는 여운형과 같이 좌우합작을 추진했던 인물이다. 하지만 여운형 암살 이후 미 군정에 의해 구속되었다가 1948년 월북했다. 동생 이쾌대는 한국전쟁 중 부역 혐의로 거제포로수용소로 보내졌다. 그리고 1953년 포로교환에서 북을 선택했다. 두 형제는 해방공간과 한국전쟁 속에 북을 선택했지만, 이여성이 숙청당하자 이쾌대 역시 활동이 위축되며 병사했다. 한편, 서울에 남은 이쾌대의 부인은 그의 작품을 꼭꼭 숨겨 보관했으며, 1988년 월북 작가의 해금 조치 이후에 그의 작품과 예술성이 재평가되었다.

국이 공산화되자 홍콩으로 피신했다가 몰래 귀국한 것이다. 폐병 환자로 나타난 그를 맞아준 사람은 손원일 제독이었다. 안준생은 손원일이 주선한 덴마크 병원선에서 치료받았으나 1952년 사망한다. 그의 장례식은 조용히 치러졌다. 안준생이 부산에서 병사하자, 준생의 부인은 1남 2녀를 데리고 미국으로 이민 간다.

박문사는 1945년 11월, 화재로 전소되었고 정문 흥화문만 살아남았다. 이후 이곳은 국립묘지로 사용된다. 1956년 국립묘지가 동작동으로 옮기자, 이승만 정부는 이곳에 국빈 접대를 위한 영빈관을 짓는다. 하지만 이 공사는 4·19와 5·16으로 중단되었다. 박정희 정부는 영빈관 및 장충단 일대를 삼성에 넘긴다. 이때 삼성이 영빈관을 중심으로 지은 것이 신라 호텔이다. 신라 호텔 공사는 각종 고궁을 뜯어 이 자리에 박문사를 건설했던 오쿠라쿠미토목이 다시 맡았다. 박문사를 지을 때 뜯겨 왔다가 화재에도 살아남은 흥화문은 호텔의 정문으로 계속 사용되었고, 1988년에야 원래 자리인 경희궁으로 돌아갔다. 2004년 신라 호텔 영빈관에서는 일본 자위대 행사가 열렸는데, 많은 우려에도 대한민국의 여러 정치인이 참석했다.

안중근의 동생 안정근은 해방이 되면 고국에 묻어달라는 형 안중근의 유언을 지키기 위해 중국에 남아 안중근의 유해를 찾다가 1949년 상하이에서 사망한다. 안중근의 막냇동생

안공근은 김구와 갈등을 빚다가 실종되었으며, 누군가에 의해 암살된 것으로 추정된다. 하지만 그의 시신은 찾지 못했고, 안정근의 시신도 소재를 알 수 없어, 결국 안중근과 형제 모두 시신을 찾을 수 없게 되었다.

안정근의 딸 미생은 김구의 아들 김인과 결혼했지만, 김인은 해방 5개월 전 병사한다. 미생은 귀국하여 시아버지 김구의 일을 돕다가 돌연 미국으로 떠나버린 후 가족 친지들과 소식을 끊었다. 안공근의 아들 안우생은 김구의 비서로 활동하다 김구가 암살당하자 월북해 1992년 평양에서 사망했다. 안공근의 딸 연생은 파나마로 떠났는데 소식을 알 수 없다.

우장춘의 귀국

1950년 귀국 직전 우장춘이 가족과 찍은 사진. 그에게는 딸 넷과 아들 둘이 있었다. 오른쪽 끝 막내딸 아사코는 일본에서 경영의 신으로 불리는 이나모리 가즈오(稲盛和夫)와 결혼했다. 교세라를 세계적인 기업으로 키운 이나모리는 우장춘을 '김치의 은인'으로 부르며, 장인과의 인연을 교세라 홈페이지에 기록했다. 글로벌 경영인 이나모리가 장인을 굳이 김치와 연결한 이유는 이렇다. 과거에 김치는 소중한 식량이었다. 최근 연구에 따르면 1970년대 우리나라는 1인당 하루 평균 무려 300~400그램의 김치를 먹었다. 같은 시기 1인당 하루 양곡 소비량이 450~520그램(그중 쌀이 350그램)이었으니, 김치는 쌀 못지않은 주식이었던 셈이다. 2020년 쌀 소비량은 122그램, 김치 소비량은 57그램으로 줄었지만, 여전히 김치는 쌀, 우유에 이어 세 번째로 많이 먹는 음식이다. 먹거리가 다양화되기 전까지 김치가 어려운 시절을 버티게 해준 것이고, 그 배경에는 우장춘이 있었다. 이나모리는 2022년 8월 24일 사망하기까지 한국에 있는 우장춘의 묘를 여러 번 방문했다.

1950년 3월 8일, 우장춘이 부산항에 도착하자 그를 기다리던 사람들이 일제히 환호했다. 일찍이 일본의 패망을 예상했던 우장춘은 종전 후 회사에 사표를 내고 칩거했다. 여러 스카우트 제의를 거절하고 무려 5년간 무직으로 지내다 한국행을 택한 것이다. 이 무렵 한국은 반민특위 논쟁이 한창이었고, 이념 대결의 혼란기라 귀국한 재일 교포들조차 다시 일본으로 돌아가고 있었다. 그런데 우장춘은 가족을 일본에 두고 귀국선을 탄다. 귀국하기 직전 홀로 아버지의 묘에 들렀다. 우 박사는 분명 자신의 아버지를 인식하고 있었다.

우장춘의 귀국 결심에 결정적인 역할을 한 사람은 우 박사를 한국에 처음 알린 김종이다. 이렇게 시작된 두 사람의 인연은 우 박사가 자신의 조카를 김종과 결혼시키며 가족관계로 이어졌다. 1947년 경상남도 농림국장으로 근무하던 김종은 한국의 종자 문제가 심각함을 가장 잘 알고 있던 인물이다. 식민지 시절, 조선의 농업은 일본에서 수입하는 종자로 유지되었다. 1944년 조선의 식량 상황을 우려한 우장춘은 김종을 총독부에 추천해 1944년부터 조선 내 종자 생산을 추진하고 있었으나 전쟁이 막바지에 치닫으며 상황은 여의찮았다. 결국 일본이 패망하며 일본으로부터 종자 수입이 어렵게 되자, 한국의 농업 기반은 붕괴 직전에 이른다. 이러한 위기에 김종은 각계 인사들을 설득해 우 박사를 귀국시키기로 결심한다.

1945년 9월, 교토 대형 종자 회사의 연구 농장장이던 우장춘은 사표를 내고 한국으로 갈 마음을 굳히고 있었다. 김종은 우선 우장춘에게 연락해 귀국 의사부터 타진했고, 우 박사에게서 뜻을 확인하자 '우장춘 박사 귀국 추진 위원회'를 만든다. 그는 한국이 우 박사를 우범선의 아들로 인식하고 있다는 것을 잘 알고 있었다. 어떠한 과거의 문제보다 우 박사의 능력이 얼마나 중요한지, 그리고 한국이 마주한 현실에서 그가 얼마나 절실히 필요한 사람인지를 설득했다. 모금 운동을 벌이고, 이승만 정부를 설득해 예산을 확보했으며, 연구소 부지를 마련했다.

1949년 말, 거의 모든 준비가 완료되었다. 마지막 남은 문제는 한국과 일본의 국교 관계가 없는 상태에서 어떻게 일본에서 합법적으로 한국에 올 수 있을지였다. 이때 우장춘은 그가 한국 국적을 가졌음을 증명하는 서류를 요청했다. 아버지 우범선이 강원달에게 부탁해 그의 호적을 조선으로 등록해두었기에 서류는 신속히 전달되었다. 그다음 우장춘은 이를 가지고 재일 조선인을 귀국시키던 수용소로 들어갔다. 여기서 귀국선을 탄 것이다.

한국에서 귀국 추진 위원회는 일본에 남은 우장춘 가족의 생계를 위해 100만 엔을 보냈다. 일본 고위 공무원 5년 치 연봉에 해당하는 거액이었다. 하지만 우 박사는 이 돈을 가족들에게 한 푼도 주지 않고 종자를 사고, 서적과 실험 기구를 구입하는 데 다 써버렸다. 당황한 주위 사람들의 걱정에 그는 "우리 가족은 어떻게 해서든지 버텨나갈 것입니다"라고 답했다. 그리고 환영 인파에 이렇게 말했다. "저는 지금까지는 어머니의 나라인 일본을 위해서 일본인에게 뒤떨어지지 않을 정도로 노력해왔습니다. 그러나 지금부터는 아버지의 나라인 한국을 위해서 최선을 다할 각오입니다. 저는 이 나라에 뼈를 묻을 것을 여러분께 약속합니다." 뼈를 묻겠다는 약속은 빈말이 아니었다.

1950년 5월, 우장춘은 그를 위해 부산에 만들어진 한국농업과학연구소의 소장으로 취임했다. 이 무렵, 그는 이승만 대통령을 만나러 서울로 갔다. 이승만은 우장춘을 만나자 "자네가 우범선의 아들인가?"라며 반겼다. 이승만의 옥중 동료 강원달은 우범선의 심복으로, 우범선의 가족을 챙기고 우장춘의 호적을 조선에 등록했으며 우범선의 딸과 결혼한 인물이다. 따라서 이승만 역시 우장춘의 존재를 인식하고 있었다. 6월 12일, 한국은행이 출범하고, 우장춘의 이종사촌 동생 구용서가 초대 총재가 되었다.

우장춘 박사가 귀국한 지 석 달 뒤 한국전쟁이 일어났다. 박사의 연구소가 있던 부산으로 피난민들이 몰려들었고, 권력과 재력이 있는 사람들은 앞다투어 부산에서 다시 일본으로 피신했다. 난리가 벌어졌지만, 그는 조금도 흔들리지 않았다. 마치 홀린 듯이 종자 개발에만 집중했다. 종자를 일본에 의존하던 우리나라는 해방 후 일본과의 물류가 끊기는 바람에 종자가 없어 농작물 생산이 거의 중단된 상황이었다. 농촌 사회의 이러한 답답한 실정에 대해 채만식은 〈논 이야기〉(1946년)에서 이렇게 탄식했다. "독립이 됐다면서 고작 그래, 백성이 차지할 땅 뺏어서 팔아먹는 게 나라 명색이냐. (…) 독립됐다고 했을 제, 내, 만세 안 부르길 잘했지."

우장춘의 이복 누나인 우희명도 아들 강우창과 함께 피난 행렬에 합류해 우장춘의 부산 집에 피신했다.[70] 당시는 전시였지만 우장춘은 자신의 연구원들이 군대에 가지 않도록 하는 권한이 있었다. 그만큼 종자 개발이 시급한 시기였다. 우희명은 이복동생이 자기 아들에게도 병역 면제의 기회를 주길 원했지만, 우장춘은 정중히 거절했다. 강우창은 우장춘의 연구소에서 1년 정도 같이 일한 뒤에 입대했다.

부산으로 몰려든 피난민 중에는 이태규 교수의 가족도 있었다. 이태규가 미국 유타대학으로 갈 때 가족은 서울에 남았는데, 전쟁이 난 것이다. 가족들과 연락이 안 되어 이태규가 발을 동동 구를 무렵, 우장춘이 부산에 피난 중인 이태규 가족

---

70 강원달은 1944년에 사망했다.

을 찾아갔다. 교토에서 가까이 지낸 인연도 있었지만, 우장춘은 '국보급 학자'의 가족을 이렇게 두어서는 안 된다며 안타까워했다. 그리 넉넉하지 않은 연구소 살림이지만 힘껏 이태규의 가족을 도왔다. 우장춘과 여러 지인 덕분에 이태규의 가족은 무사히 피난 생활을 마쳤고, 휴전된 후 미국으로 합류할 수 있었다.

1950년 겨울, 우장춘이 가족을 만나러 일본으로 향했다. 딸의 결혼식에 참석하기 위해서였다. 연구소 직원들은 우장춘이 전쟁 중인 한국으로 다시 귀국하지 않을지 모른다고 걱정하기도 했다. 하지만 그는 곧 돌아와서 아무 일 없다는 듯이 다시 연구에 매진했다. 식량 해결을 위해서는 채소, 특히 김치의 주재료인 배추와 무 종자 확보가 우선이었다. 종자밭 마련을 위해 1951년, 제주를 방문했다. 이곳이 적합하지 않다고 판단되자, 대신 귤 재배를 추진했다. 대체지로 선택된 진도에 1952년부터 배추와 무 종자밭을 가꾸었다. 인민군이 물러간 강원도에는 감자를 키웠다. 그에게 전쟁은 핑곗거리조차 안 되었다.

전시의 부산에는 대학들이 몰려들었다. 전쟁 전에 이미 극심한 이념 갈등을 겪은 서울대학교는 전쟁으로 모든 것이 뿌리째 흔들리고 있었다. 첫 번째 한국인 총장이던 이춘호는 납북되었고, 두 번째 총장 장이욱은 일본으로 갔으며, 한국전쟁 당시의 세 번째 총장 최규동 역시 납북되었다. 미 국무부의 요청으로, 일본 도쿄에 도착한 장이욱은 유엔군 사령부 소속의 방송사 VUNC(The Voice of UN Command)에서 대북 선전을 맡았다. 그런데 여기서 뜻밖의 인물을 마주한다. 바로 황진남을 만난 것이다. 1947년 여운형 암살 이후 황진남은 한국-프랑스 문화 협회를 발족시키고, 1948년에는 캘리포니아대학 동창회장에 선출되며 나름대로 왕성한 활동을 했다. 하지만 그가 추구한 좌우합작은 완전히 실패하고 한국전쟁이 발발하자, VUNC에 합류하며 도쿄로 가게 된 것이다.

총장이 납북된 서울대학교는 1951년 부산에서 최규남을 새 총장으로 임명한다. 1920년대 야구 스타이자 1930년대 조선에 양자역학을 처음 소개한 그는 부산에 모인 대학생들을 모아 '전시연합대학'을 발족시켜 학업이 이어지게 했다. 그리고 피난지 대학들의 소식지로서 1952년 《대학신문》을 발행했다. 이 신문은 전쟁이 끝난 뒤 서울대학교 신문이 되었다. 또한 미네소타대학과의 교류 협정을 끌어내며 전후 서울대학교가 복구되는 기반을 마련한다.

전시 중이지만 부산에서 과학자들은 가만히 있지 않았다. 수학과 물리학 학회가 만들어진 것이다. 1946년 최윤식이 서울대학교에서 설립한 수물학회의 규모가 커지자 일본수물학회가 나뉜 것처럼 한국도 분리가 필요했다. 먼저 최윤식이 나섰다. 부산으로 피난한 서울대학교 공과대학 건물에서 1952년 3월 11일 대한수학회를 발족시키고 초대 회장이 되었다.[71] 곧이어 최규남은 한국물리학회를 만들었다. 창립 총회는 부산에 만들어진 서울대학교 본부에서 1952년 12월 7일에 이루어졌으며, 서울대학교 총장 최규남은 초대 회장이 되었다. 총장을 마친 최규남은 1956년 문교부 장관으로 계속 교육에 헌신했다.

피난길에 올랐던 이임학 역시 부산의 서울대학교에 합류했다. 한국전쟁 직후 서울이 점령되자, 월북했다 남하했던 그는 요주의 대상이라 북한군의 눈을 피해 숨어 지냈다. 1·4후퇴에서 일단 제주로 피신한 그는 부산으로 서울대학교가 옮겼다는 말을 듣고 온 것이다. 여전히 학구열에 불탔던 그는 수시로 부산의 미국 공보원을 들러 미국 학술지를 보며 연구했다. 이때 캐나다 브리티시컬럼비아대학 제닝스(Stephen Arthur Jennings) 교수의 논문에서 오류를 보고 이를 지적하는 편지를 보낸다. 편지를 받은 제닝스 교수는 즉시 이임학의 천재성을 발견하고 초청했다. 1953년 이임학은 캐나다 유학길에 올랐다. 그의 나이 31세. 캐나다에 도착해서야 예전에 막스 초른에

---

71 최윤식은 1954년의 사사오입 개헌에 '수학적' 근거를 제공한 인물로 알려졌지만, 박세희 교수의 증언에 따르면 그의 발언은 '정족수'에 대한 언급이 아니었다.

게 보낸 논문이 이미 학술지에 게재되었고, 자신이 서구 수학계에 많이 알려졌다는 것을 알게 된다.

1951년 부산 전시연합대학에서 최윤식의 서울대학교 수학과 제자 김정수는 전쟁 중에 연락이 끊겼던 자신의 학생을 만난다. 해방 당시 경성제국대학 수학과 학생이던 김정수는 해방공간의 이념 대립이 격화되자 잠시 고향 부산에 내려가 교편을 잡았다. 이때 그를 부쩍 따르는 여학생이 있었다. 그녀의 이름은 류춘도. 김정수는 서울대학교 사태가 어느 정도 진정되자 복학한다. 류춘도 역시 서울여자의과대학[72]에 진학했다. 서울대학교 옆이라 두 사람은 명륜동과 혜화동에서 자주 만나며 정을 키웠다. 그 가운데 한국전쟁이 일어난 것이다.

김정수는 소식이 끊겼던 그녀의 사연을 듣게 된다. 당시 의대 졸업반이던 류춘도는 인민군 군의관으로 참전했다가 남강 전투에서 살아남아 부산으로 왔다. 서울대학교를 졸업하고 부산고등학교 교사로 있던 김정수는 청혼을 결심한다. 1952년 어느 날 그녀의 동생이 벌벌 떨며 그를 찾아왔다. 류춘도가 간첩단 사건에 연루되어 잡혀갔다는 것이다. 김정수의 형은 경성공업전문학교[73]를 나와 월북해서 북한의 고위 관료가 되었

---

[72] 1945년 9월, 해방 직후 과학자들이 모여 가을에 시작할 경성대학의 물리학 강의를 어떻게 꾸릴지 의논한 곳이다.

기에, 김정수의 집안은 주저했다. 하지만 초조하고 절박한 그를 보다 못한 김정수의 누나가 나서서 류춘도를 빼냈다. 그녀는 혹독한 고문을 당해 인간의 모습이 아니었다. 그는 월북한 형의 방에 그녀를 숨기고 간호했다. 류춘도는 김정수의 극진한 보살핌에 겨우 기력을 회복하고, 의사 시험에 합격한다.

마침내 두 사람은 결혼했다. 그녀는 병원을 개업해 남편을 뒷바라지하며 미국으로 유학 보낸다. 박사 학위를 받고 귀국한 김정수는 서울대학교 수학과 교수로 부임하고, 스승 최윤식 교수를 이어 대한수학회 회장으로서 우리나라 수학계를 대표하는 학자가 되었다. 김정수 교수는 부인 문제로 미국 FBI 조사를 받기도 하고, 총장 후보에서도 탈락했지만, 평생 원망하지 않고 그녀를 응원하고 지지했다. 김정수 교수는 1994년, 류춘도는 2009년 작고했다. 이처럼 전시의 부산은 시대를 살아가던 젊은 과학 세대가 버티고 견뎌내던 격동의 공간이었다.

한편, 한국전쟁에서 낙동강 전선에 투입되었던 임화는 인천상륙작전 이후 퇴각하는 인민군을 따라 도피한다. 이 와중에 전라도 방면으로 갔던 스무 살 딸 혜란과 연락이 끊긴다.

---

73 1945년 8월 16일 조선학술원이 탄생하고, 1946년 7월 7일 조선화학회가 출범한 곳이다.

퇴로가 차단된 호남 쪽 인민군들은 대부분 빨치산이 되어 고립되었다. 이때 임화가 딸을 걱정하며 쓴 것이 〈너 어느 곳에 있느냐〉이며, 이 시는 결국 임화의 발목을 잡는다.

아직도

이마를 가려

귀밑머리를 땋기

수집어 얼굴을 붉히던

너는 지금 이

바람 찬 눈보라 속에

무엇을 생각하며

어느 곳에 있느냐

머리가 절반 흰

아버지를 생각하여

바람 부는 산정에 있느냐

가슴이 종이처럼 얇아

항상 마음 아프던

엄마를 생각하여

해 저므는 들길에 섰느냐

그렇지 않으면

아침마다 손길 잡고 문을 나서던

너의 어린 동생과

모란꽃 향그럽던

우리 고향집과

이야기 소리 귀에 쟁쟁한

그리운 동무들을 생각하여

어느 먼 곳 하늘을 바라보고 있느냐

(…)

사랑하는 나의 아이야

너 지금

어느 곳에 있느냐

_〈너 어느 곳에 있느냐〉 임화, 1951년

전쟁이 소강상태에 접어들자 김일성은 희생양을 찾았다. 공산당 선배였던 박헌영을 구속하고, 화살은 임화에게 향한다. 퇴각하며 쓴 시 〈너 어느 곳에 있느냐〉가 일선 병사들의 사기를 저하시켰다는 것이다.

1953년, 결국 임화는 간첩 혐의로 총살되고 시신은 방치되었다. 만주로 피신해 있던 지하련은 이 소식을 듣고 급히 평양으로 갔다. 그녀는 실성한 채 남편의 시신을 찾아다녔다. 이것이 지하련에 대한 마지막 기록이다. 임화와 지하련 그리고 딸 혜란에 관한 이야기는 이문열의 소설 《리투아니아 여인》(2011년)에서 언급된다. 뮤지컬 감독 박칼린을 모델로 한 이 소설은 경계를 넘나들어야 했던 인간 군상을 다룬다. 2020년 11월 경기극단은 우리 사회의 뿌리 깊은 이념 갈등을 해방 전후와 연결한 연극 〈저물도록 너, 어디 있었니〉를 무대에 올렸다. 지하련 역할은 배우 손숙이 맡았다.

한글 타자기와 우장춘

63. 제1,2항을 제외한 본 정전협정의 일체 규정은 1953년 7월 27일 2200시부터 효력을 발생한다.

1953년 7월 27일 1000시에 한국 판문점에서 영원, 한국문 및 중국문으로써 작성한다. 이 세가지 글의 각 협정 문본은 동등한 효력을 가진다.

조선인민군 최고사령관
조선민주주의인민공화국원수
김 일 성

중국인민지원군
사령원
팽 덕 회

국제연합군 총사령관
미국 육군 대장
마一크 더블우. 클라크

참 석 자

조선인민군 및
중국인민지원군 대표단
수석 대표
조선인민군 대장
남 일

국제연합군 대표단
수석 대표
미국 육군 중장
윌리암 케이. 해리슨

1953년 7월 27일, 정전협정으로 비극적인 전쟁은 휴전에 들어갔다. 사진과 같이 한글판 정전협정문은 당시로는 드물게 타자기로 인쇄되었다. 이때 쓰인 것은 공병우 타자기로, 여기에도 좌우 대립의 아픈 역사가 있다. 정작 공병우를 한글 타자기로 이끌었던 이극로, 그리고 초기 한글 연구를 주도한 주시경의 수제자 김두봉 두 사람은 이미 월북한 상태였다. 당시 북한최고인민위원회 상임위원장이었던 한글 학자 김두봉은 공병우가 만든 한글 타자기로 작성된 이 문서에 김일성이 서명하는 것을 옆에서 지켜보았다.

1938년, 이극로는 눈병으로 고생하다 조선어학회 건물 옆에 조선 최초로 생긴 안과 전문 병원 공 안과에 가서 치료받는다. 이때 이극로의 한글을 향한 열정에 감동한 의사 공병우는 한글 기계화에 인생을 걸게 된다. 해방 후 공병우는 이극로의 조언으로 한글 타자기를 완성하지만, 사람들의 관심을 받지 못했다. 조선어학회 사건으로 함흥 형무소에서 해방을 맞은 이극로는 즉시 조선어학회를 부활시켰고, 중단되었던 사전 편찬을 재개한다. 문제는 사라진 원고였다. 일본 경찰이 없애버렸다고 절망할 즈음 기적과 같은 일이 벌어진다.

1945년 9월 8일, 서울역 창고에서 '조선말 큰사전' 원고가 발견된다. 사연은 이러했다. 1942년 조선어학회 사건의 재판은 함흥에서 진행되었다. 투옥된 이극로 등은 혹독한 고문에도 끝까지 판결에 불복하고 상고하여 재판은 1945년 초까지 이어졌다. 재판이 길어지며 관할법원이 경성 고등법원으로 옮겨지자 일제는 증빙 자료였던 이 원고를 함흥에서 서울로 이송했다. 하지만 이 무렵 일본은 패전을 앞두고 있어서 모두 경황이 없었고, 이 방대한 자료는 서울역 창고에 그대로 방치되었다. 결국 몸이 부서져도 굴복하지 않고 재판을 이어간 조선어학회 회원들이 원고를 지켜낸 셈이다. 이극로 등은 감격하며 신속히 《조선말 큰사전》 제1권을 1947년에 편찬해낸다. 하지만 1948년, 이극로는 좌우 대결로 빚어진 분단 상황을 막아보려고 김구와 함께 남북협상을 위해 방북했다가 북에 남았다. 전쟁 후에도 작업은 계속 이어져 1957년 6권을 마지막으로 완간되었다.

한국전쟁에서 서울에 남았다가 북한군에게 잡혔던 공병우는 기적적으로 탈출한다. 부산으로 피난 간 그는 우연히 '공병우를 찾는다'는 광고를 전봇대에서 발견했다. 타자기의 효율성을 너무나 잘 알고 있던 해군 제독 손원일의 지시였다. 작전문서에 공병우 타자기가 필요했던 것이다. 최초의 한글 타자기는 1914년 이원익 타자기와 1929년 송기주 타자기가 있다. 하지만 둘 다 세로쓰기 기반이었고, 공병우 타자기는 이극로의 영향으로 가로쓰기를 도입했다. 또한 서양 타자기와 달리 받침 구조를 위해 독특한 기계장치를 추가하여 자판 입력 속도를 올렸을 뿐 아니라 미적으로도 아름다운 글꼴이 나오도록 고안했다. 손원일 제독 이후, 공병우 타자기를 공문서에 광범위하게 도입하면서 우리나라에서 가로쓰기가 보편화되었고, 한자 입력은 되지 않는 타자기 특성상 공문서의 국한문 혼용이 한글 전용으로 급속히 바뀐다.[74]

1953년 정전협정의 당사자는 UN, 북한, 중국이었기에 협

---

[74] 평생 한글 기계화에 앞장섰던 안과 의사 공병우가 말년에 서울대학교 기계공학과 학생 이찬진을 지원하여 '아래아한글'이 탄생하게 된다.

정문은 영어, 한국어, 중국어 세 가지 언어로 작성했다. 그런데 당시 북한은 한글 타자기가 없었다. 때문에 UN군은 북한을 위해 한국군의 공병우 타자기로 한국어 정전협정문을 인쇄한 것이다.

전쟁이 막바지에 이른 1953년, 우장춘에게 어머니가 위독하다는 전보가 전달되었다. 하지만 무슨 일인지 이때는 한국 정부의 출국 허가가 나오지 않는다. 그리고 휴전이 된 직후인 8월 18일, 그는 어머니의 사망 소식을 들었다. 우장춘은 이렇게 외쳤다. "이것이 모든 것을 버리고 한국을 위해서 봉사해온 나에 대한 대우란 말인가!" 당시 이승만 정부가 출국을 허락하지 않은 배경에는 여러 해석이 있는데, 그중 하나는 이 시점에 독도를 둘러싸고 벌어진 한일 양국 간의 물리적 충돌이다.

1952년 4월, 제2차 세계 대전 이후 동북아 영토를 규정하기 위해 1951년부터 진행된 샌프란시스코 강화조약이 발효되었다. 전쟁 중이던 대한민국이 적극적인 목소리를 내지 못하는 가운데 독도 영유권에 관한 조항이 애매해졌다. 이에 이승만 정부는 1952년 1월 선제적으로 독도를 영토로 선언하고, 1953년 1월부터는 인근 해역의 일본 어선에 총격을 가하고 나포하기 시작한다. 그해 6월 일본 어민들이 독도에 상륙하자, 독도 의용 수비대와 무력 충돌이 벌어졌다. 같은 해 8월 한국 정부가 독도에 영토비를 건립하며 한일 갈등은 극에 달했다. 이때 우장춘의 어머니가 사망한 것이다.

우 박사는 연구소 강당에서 많은 사람의 위로 속에 어머니의 위령제를 가졌고, 이복 누나 우희명도 참석했다. 우 박사 모친의 부고에 전국 각지에서 조의금이 쇄도했다. 1954년 2월, 우 박사는 이 돈으로 연구소의 물 부족을 해결하기 위해 우물을 팠다. 그리고 자유천(慈乳泉)이라는 글자를 새긴 비석을 세웠다. 자애로운 어머니의 젖과 같은 샘이라는 뜻이다. 그는 이후 매일 아침 이곳에서 세수하고 주변을 정돈하는 것을 일과로 삼았다.

1954년 오랜 공을 들인 진도에서 드디어 채소 종자가 생산되기 시작한다. 한국인의 식생활에 꼭 필요한 무와 배추 등이었다. 전쟁 중에도 끊임없이 계속된 연구가 결실을 보았다. 가장 큰 성과는 김장용 배추가 여기서 탄생한 것이다. 우장춘은 조선의 전통 배추, 중국에서 전래한 호배추, 일본에서 수입한 배추가 모두 김치에 적당하지 않다고 생각했다. 그래서 자신의 육종 기술로 한국의 토양과 한국인의 입맛에 맞는 배추 품종을 만들려고 했다. 이에 더해 고추 종자까지 개발했다. 이것이 현재 우리가 먹는 배추의 조상 '원예 1호'의 탄생이다.

하지만 세간의 불신은 상당했다. 이때 들고나온 것이 '씨 없는 수박 시식회'다. 흔히 우장춘은 씨 없는 수박으로 알려졌는데, 이는 교토대학 기하라 히토시 교수의 업적이다. 단지 우장춘은 육종학의 위력을 시범으로 보인 것이다. 이런 노력 끝에 그의 종자들이 퍼지며 한국은 마침내 '씨앗 독립'에 성공하게 된다.

어머니가 사망했을 때는 일본에 가지 못했지만, 우장춘은 그 뒤 일본 교토에 가족을 만나러 갔다. 마지막 방문은 환갑 직후인 1958년 4월, 셋째 딸의 맞선 자리였다. 이 무렵 결혼을 준비하던 넷째 딸이 자신의 신랑감을 우장춘에게 소개한다. 평범한 회사원이었던 그의 이름은 이나모리 가즈오. 이나모리와 우장춘의 딸은 12월에 결혼했고, 이듬해 4월 교세라(Kyocera, 교토세라믹)를 창업했다. 교세라를 세계적인 기업으로 키운 이나모리는 자사 홈페이지에 우장춘과의 인연을 남겼다. 무일푼이던 시절 예비 장인을 만나 격려받고 힘을 냈다는 것이다. 이나모리는 나중에 파산 직전의 JAL(Japan Airlines, 일본 항공)의 경영을 맡아 흑자로 돌려놓으며 증시에 재상장시킴으로써 일본에서는 '경영의 신'으로 불린다.

1959년 5월, 우장춘의 연구소는 10주년을 맞았다. 기념식 직후 몸에 이상을 느낀 우장춘은 서울에 가서 건강 진단을 받고, 곧 수술하게 된다. 상태는 좋지 않았다. 3차에 걸쳐 수술이 진행되면서 병세는 계속 악화했다. 연구원들의 병문안이 이어지는 가운데, 그는 마지막 연구였던 '벼'를 챙겼다. 우장춘은 한국의 식량 문제를 해결하는 마지막 단계로 쌀 생산량을 획기적으로 늘릴 종자를 꿈꾸고 있었다. 결국 제자들은 품종 합성 중인 벼를 가지고 와서 병실에 걸었다. 마지막 날이 얼마 남지 않았음을 직감한 주위 사람들은 급히 일본에 연락해 우장춘의 부인을 불렀다. 그녀는 7월 26일에 도착했다.

8월 7일, 정부로부터 우장춘에게 훈장을 수여한다는 소식이 전해졌다. 그날 오후 병실을 방문한 농림부 장관이 대한민국 문화포장을 수여했다. 정부 수립 이후 두 번째 수상자였다. 병상의 우 박사는 "고맙다…. 조국은… 나를 인정했다"고 말하며 눈물을 흘렸다. 그리고 3일 뒤 아내가 지켜보는 가운데 숨을 거뒀다. 우장춘의 장례식은 대한민국 최초의 사회장으로 열렸다. 아버지 우범선의 묘는 일본에 있지만, 그의 묘지는 수원으로 정해졌다. 약속대로 한국에 뼈를 묻었다. 사랑하는 가족을 두고 한국에 왔을 때 전쟁이 벌어졌지만 후회하지 않았다. 그가 왜 이토록 한국의 식량 문제 해결에 몰두했는지는 알 수 없다. 어떠한 정치적 이념이나 수사보다 과학이 세상을 바꿀 수 있다는 것, 이것만이 자신의 존재를 증명하고, 아버지와 자신의 이야기를 완성하는 길이라 믿었을 것이다.[75]

---

75 우장춘 주변 인물을 일일이 탐문하고 당시 자료들을 조사하며 쓴 전기는 일본인 작가 쓰노다 후사코의 《조국은 나를 인정했다: 우장춘 박사 일대기》가 거의 유일하다. 제목에 '조국'이라는 표현은 우장춘의 임종 장면에서 따온 것이다.

이 무렵, 최형섭이 미국에서 박사 학위를 받고 귀국한다. 군대해산을 주도한 최지환의 아들로 태어나 와세다대학에서 유학하고, 해방공간에 경성대학으로 합류했지만, 국대안 파동이 일어나자 그는 미국 유학을 준비했다. 하지만 한국전쟁이 발생하자 고향 진주 인근 사천 공군에 입대한다. 이것은 그의 인생에서 중요한 전환점이 되었다. 여기서 항공공학자로 유명한 장극 박사[76]와 인연이 닿았다. 전쟁이 일어났을 때 장극 박사는 귀국해서 공군으로 근무하고 있었다. 미국 노터데임대학 최초의 한국인 박사였던 장 박사의 추천으로 1953년, 최형섭이 노터데임대학으로 유학을 가게 된 것이다. 최형섭은 노터데임에서 석사를, 이어 1958년 미네소타에서 금속공학으로 박사 학위를 받는다.

학위를 받고 귀국한 그가 과학 행정가로 주목받게 된 계기는 원자력 연구소였다. 일본을 무너뜨린 원자력 기술은 신생 독립국인 한국의 과학계 모두가 열정적으로 참여하던 분야였

---

[76] 경성제국대학 의대를 중퇴하고 독일로 유학을 떠난 장극은 1938년 베를린 공과대학을 졸업하고, 아인슈타인을 배출한 스위스 취리히 공과대학에서 1940년에 학사 학위를 받았다. 이후 미국으로 옮겨 뉴욕대학, 하버드대학에서 석사 학위를 받고, 1948년 노터데임대학에서 항공공학으로 박사 학위를 받았다. 그는 두 명의 형이 있었는데, 큰형은 장면 총리이고, 둘째 형은 서울대학교 미술대학 초대 학장 장발이다. 장극 박사는 미국에서 30여 년간 교수 생활을 했으며, 최형섭이 과기처 장관을 할 때 잠시 특보를 맡기도 했다.

다.[77] 이에 이태규, 리승기와 함께 교토제국대학 3인방으로 불리던 박철재 박사가 새롭게 출범하는 원자력 연구소의 초대 소장으로 취임한다. 그 뒤를 이어 최형섭의 아버지 최지환의 친구였던 김법린[78]이 2대 소장이 되었다. 김법린의 추천으로 1962년 원자력 연구소장이 된 최형섭은 탁월한 연구 행정 능력을 보이며 과학계의 신망을 얻게 된다.

박정희 정권에서 최형섭의 활약은 두드러졌다. 대통령을 설득하고, 정부를 움직이는 대단한 능력을 발휘한다. 명성 황후의 묘소가 있던 홍릉에 KIST를 설립해 초대 원장이 되었으며, 과학기술처 장관이 되어 과학 행정을 한 단계 끌어올렸다. 그는 과학재단(현 연구재단)을 만들고, 대덕연구단지를 조성했다. 대한민국의 1960~1970년대 급속한 경제성장을 이끈 과학 발전은 거의 모두 그의 리더십으로 만들어졌다. 이런 공로로, 최형섭은 과학기술계에서 가장 존경받는 인물이다.

한국의 산업화가 급속히 진행되던 1970년대 초, 박정희 대통령이 일본에 있던 박갑동을 불러 만났다. 박헌영의 비서였던

---

[77] 당시 한국 지식인들의 핵물리학 열풍은 가수 한대수 아버지 한창석의 일화에서도 알 수 있다. 그는 서울대학교 출신으로, 핵물리학을 전공하러 미국 코넬대학으로 유학 갔다. 하지만 무슨 이유에서인지 현지에서 실종되었고, 나중에 한국말을 잊어버린 상태로 발견되었다.

[78] 그는 1920년대 프랑스 파리에서 황진남과 유학 생활을 했다.

그는 북한에서 박헌영이 김일성에게 숙청되자 일본으로 망명해 있었다. 이 자리에서 박 대통령은 박헌영의 1945년 '8월 테제'가 자신의 인생관을 바꾸었다며 박헌영의 일대기를 써달라고 부탁했다고 한다. 이렇게 해서 유신 시대인 1973년, 《중앙일보》에 박헌영의 남로당 이야기가 무려 178회에 걸쳐 연재된다. 반공이 국시였던 시절의 일이다. 우리 근대사 속의 인물들은 이렇게 서로 얽혀 있다.

한편, 2004년 작고한 최형섭 박사는 진주에서 대한제국의 군대해산을 주도했던 자신의 아버지에 대해 거의 언급한 적이 없다.

우범선과 우장춘의 사례에서 보듯이 아버지와 아들의 관계를 어떻게 해석해야 할지는 어려운 일이다.

"우리나라에서 연좌제는 이미 사라졌고, 성김 본인의 의지나 책임과는 아무 관계도 없는 일인 만큼 알리지 않았으면 좋겠다. 본인이 얼마나 고통스럽겠냐. 내 아들도 나로 인해 얼마나 많은 핍박을 받았느냐. 아버지가 무슨 일을 했는지와 상관없이 지금 6자회담이라는 좋은 일, 평화 프로젝트를 위해 힘쓰고 있는데 재를 뿌리면 되겠느냐. 결코 언론이나 밖으로 알리지 마라."

2008년 김대중 대통령이 미국 국무부 한국과장으로 6자회담을 위해 활동하던 성김에 대해 한 말이다. 성김의 아버지는 김대중 납치 사건에 깊이 관여한 인물이었다.

구체제의 종말

프랑스 파리 루브르 박물관의 상징 피라미드. 중국인 건축가 이오 밍 페이(Ieoh Ming Pei, 貝聿銘)의 대표작이다. 1917년 광저우에서 태어난 페이는 중국 쑤저우의 부유한 가문 출신이다. 그는 이 인연으로 쑤저우 박물관을 설계하기도 했다. 홍콩과 상하이에서 자란 그는 1935년 미국 유학길에 올라 MIT에서 건축을 전공한다. 제2차 세계 대전 때 미국 정부를 위해 일하기도 한 그는 전쟁이 끝나자 하버드대학에서 석사 학위를 받고 강의도 맡았다. 탁월한 감각으로 새로운 모더니즘 건축을 추구하던 페이는 여러 건축 사무소에서 이력을 쌓기 시작한다. 업계에 명성이 퍼지자 그는 동료들과 자신만의 회사를 설립한다. 1955년, 이렇게 20세기의 전설적인 건축 사무소 'I. M. Pei & Associates'가 탄생한다. 페이는 1983년 건축계의 노벨상으로 불리는 프리츠커상을 수상하며 이 시대의 대표적인 건축가로 자리매김한다. 그는 2019년 102세를 일기로 사망했다.

1956년, 갓 출발한 이오 밍 페이의 건축 회사에 한국인 한 명이 입사한다. 페이의 MIT 건축과 후배인 그의 이름은 이구. 몰락한 대한제국의 마지막 황태자 영친왕의 아들이었다. 입사한 이구는 회사 근처에 숙소부터 물색했다. 마침 사내 게시판을 보고 찾아간 아파트에서 회사 동료를 만난다. 아파트를 내놓은 그녀의 이름은 줄리아. 곧 이구는 여덟 살 연상의 줄리아와 사내 연애를 시작한다. 이구는 자신의 신분이 황족임을 밝혔지만, 페이는 물론 줄리아도 믿지 않았다. 1959년 두 사람은 페이의 축하 속에 결혼했다. 페이는 계속 승승장구하고, 회사의 업무는 점점 더 바빠졌다. 이구 부부는 누구의 방해도 받지 않고 행복한 시절을 보냈다.

일본이 패전하자, 일본에 거주하던 영친왕 부부는 일본 황족의 지위를 상실했고 그들이 받던 일본 정부의 지원금도 끊긴다. 영친왕은 귀국을 희망했지만, 이승만 정부는 허락하지 않았다. 1949년에는 전격적으로 대한제국 황실 자산이 국유화된다. 1949년《동아일보》에 따르면 이들 재산은 무려 500억여 원으로 추정되었다. 이승만 정부는 이 모두를 국유화하고 있었다. 우리나라 최초로 경제 통계가 이루어진 1953년의 대한민국 국내총생산이 477억이었으니, 망한 왕조였지만 식민지 조선 왕가가 가지고 있던 자산 규모는 엄청났다.

국유화 대상으로 정해진 왕실 재산 목록에는 창덕궁, 창경

궁, 종묘, 칠궁, 덕수궁, 경복궁 등 각종 고궁과 광릉을 비롯한 전국 각지에 있는 능 50개소와 원 12개소 및 왕실 미술관 안에 있던 국보급 미술품과 고서 등이 있었다. 메이지유신까지 이름뿐이던 일본 왕실에 비해 500여 년간 재산을 축적해온 조선 왕가의 재산이 더 많았다는 평가도 있었다. 하지만 한국전쟁을 거치며 국유화는 제대로 이루어지지 않았다. 그나마 눈에 띄는 궁궐은 훔쳐 가는 사람이 없었지만 수많은 전답과 임야가 공공연히 탈취되었다.

보다 못한 정치권은 1959년 국정감사를 추진하는데, 이미 3만 건 이상의 왕실 자산이 10분의 1 이하의 헐값으로 처분되었다는 것이 밝혀졌다. 그러나 그 수익을 누가 가져갔는지 찾을 수 없었다. 게다가 4·19 직후 방화로 추정되는 화재 때문에 왕실 재산 목록마저 불타버린다. 이때 약 1억 5,000만 평의 토지 목록이 사라졌다. 이후 왕실 재산에 대한 탈취는 계속되었지만, 그 규모나 실태에 대해서 알 수 있는 자료가 거의 없다. 이로써 이성계 이후 600년 가까이 이 땅에서 가장 부자였던 한 가문이 몰락했다.

다행인지 불행인지 일본의 영친왕 부부에게는 히로히토가 지어준 저택이 남아 있었다. 생활고에 허덕이던 이들 부부는 이 저택을 당시 부동산 업자였던 세이부 그룹에 매각한다.[79] 이 돈으로 영친왕 부부는 그럭저럭 생계는 유지했고, 아들 이

◎ **도쿄 아카사카의 프린스 호텔.**

이곳에 '프린스'라는 이름이 붙은 것에는 대한제국의 마지막 순간이 숨어 있다. 대한제국의 마지막 황태자 영친왕은 어린 시절부터 볼모로 일본에서 자랐다. 정혼자는 민갑완이었지만 일본 황족 마사코(이방자)로 바뀐다. 1919년 마사코와의 결혼식 직전 아버지 고종의 갑작스러운 승하로 결혼식은 1920년에 일본에서 치러졌다. 1921년 둘 사이에 왕자 이진이 태어나고, 1922년 부부는 갓 태어난 아들과 함께 조선을 방문한다. 그러나 서울 방문을 마치고 일본으로 돌아가기 전날, 덕수궁에서 부모와 같이 머물던 이진 왕자가 급사했다. 1926년에는 순종이 승하한다. 영친왕이 후계를 이어가지만, 여전히 부부는 일본에서 생활했다. 1927년 즉위한 히로히토는 영친왕 부부를 위해 1930년에 영국 튜더 양식의 저택을 지어준다. 1931년 이 저택에서 부부가 10년 동안 그토록 바라던 왕자 이구가 탄생했다. 한편, 세이부 그룹은 영친왕에게서 사들인 이 저택(구관) 뒤편에 고층 호텔(신관)을 세우는데, 이것이 '프린스(황태자 혹은 왕자) 호텔'이다.

구를 MIT에 유학 보낼 수 있었다. 이구는 건축과에 진학하며 엔지니어의 길을 선택했다.

4·19로 이승만 정부가 무너지고, 5·16으로 탄생한 박정희 정부에 의해 1963년 영친왕의 귀국이 허용되었다. 귀국 후 서울대학교에서 건축학 강의를 맡기도 했던 이구는 방황한다. 이구는 대한민국 정부를 상대로 황실 자산 반환 소송을 하지만 소용없었다. 그나마 종친들이 마련해준 돈으로 사업을 하다가 부도로 이 재산마저 다 날렸다. 여러 갈등 속에 그는 줄리아와 이혼하고, 다시 일본으로 돌아가버린다. 2000년부터 프린스 호텔에 기거하던 그는 2005년 7월 16일, 자신이 태어난 저택이 보이는 객실에서 사망한 채로 발견된다. 이것이 대한제국 황실의 마지막 모습이다. 이구 왕자가 태어나고 자란 프린스 호텔 구관은 현재 레스토랑으로 사용되고 있다.

---

79 1947년, 재일 교포 서갑호가 도쿄 한복판에 영친왕 부부를 위해 부지를 구입했다. 서갑호는 일본에서 방적 사업으로 큰돈을 벌어, 한때 오사카 소득 1위, 일본을 통틀어 5위권 부자였다. 1951년 서갑호는 이 부지에 건물을 지어 대한민국 주일본 대표부가 사용할 수 있게 했으며, 1962년에는 아예 소유권을 대한민국 정부로 넘겼다. 당시 우리나라는 도쿄 중심가에 외교 공관을 마련할 수 있는 처지가 아니었다. 1965년 일본과 외교 관계가 수립되자, 이곳은 주일 한국 대사관이 되었다. 현재 이곳의 땅값은 1조 원이 넘는 것으로 추산된다. 한편, 서갑호의 조카 서순은 1967년 서울에 관악컨트리클럽이라는 골프장을 지었고, 정부의 요청으로 이곳은 1975년 서울대학교 관악캠퍼스가 되었다. 이로써 1946년 개교 이래 서울 시내 곳곳에 흩어져 있던 서울대학교의 단과대학들이 처음으로 한곳에 합쳐졌다.

캐나다로 유학을 떠난 이임학은 2년 만인 1955년에 박사 학위를 받았다. 연구를 계속하고 싶었던 그는 여권 연장을 신청하지만, 대한민국 영사관은 거부한다. 여권까지 뺏긴 이임학은 무국적자가 되었으나, 캐나다의 도움으로 그곳에서 연구를 이어갈 수 있었다. 1957년 군론(group theory) 연구를 시작한 그는 1960년 새로운 유한단순군(finite simple group)을 발견한다. 프랑스 수학자 갈루아(Évariste Galois)로부터 시작된 군론 연구는 20세기 들어 현대 수학의 주요한 흐름이 되었고 1950년대 새로운 단순군의 발견이 초미의 관심사였는데, 이를 이임학이 해낸 것이다. 이임학이 발견한 'Ree군'은 세계 수학사의 중요한 이정표가 되었으며, 그는 이 공로로 1963년 캐나다 왕립학술원 회원으로 선출된다.

이임학은 1966년 모스크바에서 열린 세계 수학자 대회(International Congress of Mathematicians)에 참가해 월북한 서울대학교 동료 수학 교수 김지정을 만난다. 이임학은 어머니와 누이동생을 남쪽으로 데려왔으나, 함흥에 남겨진 친척 생각이 간절했다. 이를 안타까워한 헝가리 수학자 에르되시(Paul Erdös)가 이들과의 편지 왕래를 도와주었다. 이렇게 서울에 있는 어머니에게 건네진 북한 친지들의 편지가 빌미가 되어 남쪽의 가족은 당국의 감시 대상이 되었다. 많은 후학이 세계적인 수학자 이임학의 국적과 명예 회복에 나섰지만 쉽지 않았다. 게다가 1980년대 이임학이 함흥을 직접 방문하자, 국적회복은 더욱 요원해졌다. 1996년 대한수학회 창립 50주년 행사로 한국에 왔지만, 국적회복은 성사되지 않았다. 2003년 알츠하이머병을 앓고 있던 그를 찾아간 서울대학교 수학과 김도한 교수는 이렇게 회고한다. "가족들의 연주 등에도 별 반응이 없던 이 선생님께서 제 아들과 조카들이 〈고향의 봄〉을 부르자 금방 눈물을 주르륵 흘리셔서 모두 가슴 뭉클했던 기억이 선명합니다." 이임학은 캐나다 시민으로 2005년 사망했다.

한편, 여운형의 암살로 활동을 멈춘 황진남은 전혀 예상치 못한 곳에서 발견된다. 도쿄 유엔군 사령부 방송사 VUNC에 함께했던 위진록이 그의 마지막을 책으로 남겼다. 위진록은 1950년 6월 25일 북한군의 남침을 처음 방송한 KBS 아나운서다. 그는 미군이 대북 심리전을 위해 도쿄에 만든 VUNC에 합류한다. 여기서 황진남을 만나게 되었다. 그리고 이들은 VUNC를 따라 오키나와까지 이동했다.

> 황진남 선생은 (…) 학생시절 결혼한 하숙집 딸 프랑스인 아내와 함께 귀국하여 고향인 함흥 의과전문학교에서 교편을 잡았다. 8·15 후에 (…) 갓난아들과 아내를 미처 동반하지 못하고 단신 남하 (…) 황진남 선생은 일본으로, 프랑스인 아내와 어린 아들은 북한군에 체포되어 북한으로, 시베리아로,

◎ **도쿄 유엔군 사령부 방송사 VUNC의 사람들.**
앞줄 왼쪽에서 두 번째가 황진남이다. 사진 뒷줄 왼쪽 끝에 있는 위진록이 그의 마지막을 기록했다.

소련으로, 몇 년 동안 끌려 다니다가 프랑스 정부의 보호를 받게 되었을 때는 아내는 정신병원에, 아들은 보육 시설에 각각 수용될 절망적 상황에 있었다. 이 사실을 알게 된 황진남 선생은 우선 아들만이라도 데려오자는 생각으로 (⋯) 외무부 장관 변영태 씨에게 부탁하여 이미 초등학교에 다닐 만큼 자란 아들을 일본에 불러 같이 살았다. 그러나 아들이 장성함에 따라 동거에도 문제가 생겨 어머니 쪽의 친척이 사는 캐나다로 보낸 후로는 혼자 외롭게 사셨다.

황진남 선생은 20년 가까운 세월 내가 쓴 원고를 번역해주시던 분이었다. 아들 같은 나를 친구처럼 대해주셨다. (⋯) 나를 옆에 앉혀놓고 '헤네시'나 '나폴레옹' 같은 독한 술을 브랜디 글라스에 듬뿍 마시곤 했다. 그러나 아무리 취해도 그때까지

2022년에 방문했던 파주 하늘나라 공원의 황진남의 묘.

묘비 뒷면에는 프랑스인이었던 그의 부인 '시몬뇨'와 아들 '만생'의 이름이 적혀 있다. 황진남이 이곳에 묻혔다는 사실은 국학인물연구소 조준희 소장의 신문 기고로 알려졌다. 신문을 읽고 참배를 위해 이곳을 방문했을 때 무덤의 위치를 알기 힘들어 사무소를 찾아 사연을 이야기했다. 관리를 맡은 사무소장에게 황진남이 어떤 사람인지 소개하자 "정말 대단한 분이군요"라며 이곳으로 안내해주었다. 후손이 없어 거의 관리가 안 되는 것을 보고 안타까운 마음에 급히 꽃다발을 사서 바쳤다. 2023년 5월 10일, 조준희 소장의 노력으로 황진남의 묘지가 대전 국립 현충원으로 옮겨졌다.

프랑스 정신병원에 수용되어 있는 부인에 관해서 말한 적이
한 번도 없었다.

그러던 분이 어느 날 아침 혼자 사는 숙사 침대 위에 누운 채
숨을 거둔 모습으로 발견되었다.

_위진록, 《고향이 어디십니까》, 모노폴리, 2013년(298~299쪽 발췌)

이것이 우리 민족에게 처음으로 아인슈타인을 소개한 황진
남의 마지막 모습이다. 함흥에서 태어나 하와이를 거쳐 캘리
포니아대학에 다니다 3·1운동에 감격해 대학을 자퇴하고, 안
창호를 따라 대한민국임시정부에서 활동하던, 그리고 베를린
대학과 파리 소르본대학 유학 후 귀국하여 여운형과 좌우합
작을 추진하던 항일운동가 황진남은 한국전쟁 때문에 일본으
로 갔고 결국 1970년 오키나와에서 사망했다.

2019년 대한민국임시정부 100주년을 맞아 황진남에게 건
국훈장 애국장이 수여되었다. 하지만 아직 가족이나 후손이
나타나지 않아 훈장은 누구에게도 전달되지 못하고 있다.

에필로그

오래전 러시아 상트페테르부르크 '러시아 박물관'에서 이 그림을 보다가 깜짝 놀랐다. 중앙에 있는 태극기를 발견했기 때문이다. 러시아 화가 쿠스토디에프(Boris Kustodiev)가 그린 이 작품은 1920년 7월 19일 러시아 상트페테르부르크에서 열린 제2차 코민테른 개막식을 묘사한 것이다. 1968년 소련의 우표 도안으로 채택될 정도로 러시아에서는 유명한 그림이다.

　100년 전 우리 독립운동가들은 머나먼 저곳까지 가서 3·1운동을 알리고, 레닌에게 한국의 독립을 지원해달라고 요청했다. 그림을 보면 전 세계에서 모인 공산주의자 모두가 붉은 깃발을 흔들 때, 유독 이들만은 태극기를 흔들었다. 대한민국을 알리기 위해서였다. 독립운동가들은 태극기를 앞세워 광장을 누비고 시가지를 행진했다. 이러한 모습은 한국이라는 나라가 생소했던, 당시 러시아 화가의 눈에도 인상적이었기에 굳이 그림 중앙에 넣은 것이다.

이처럼 우리 선조들은 무기력하지 않았다. 국제적으로 폭넓은 행보를 보이며 당대의 흐름과 같이했다. 과학도 예외는 아니었다. 당시 과학계의 가장 뜨거운 논쟁거리였던 상대성이론을 소개한 선구자가 있었고, 조선 전역을 돌며 순회강연을 했던 젊은이도 있었다. 그들은 무슨 생각으로 상대성이론을 알리는 데 그토록 열정적이었을까? 과학이 세상을 바꿀 수 있다고 믿었기에 다시는 과학에 뒤처지지 않겠다고 다짐한, 현실 극복의 역사가 여기에 있다. 그들은 누구보다 뜨거운 시대를 살았으며, 그들이 소개한 과학으로 우리는 식민지에서 벗어나고, 전쟁의 잿더미에서 불과 몇십 년 만에 선진국 대열에 올라서는, 세계사에 유례없는 기적을 보여준 것이다. 이 책은 시대의 아픔과 비극을 과학으로 극복하려 했던 분들의 이야기다.

하지만 상처로 얼룩진 우리 근현대사는 과학사에도 고스란히 어두운 그림자를 남겼다. 견디고 버티며 살아남아야 했던 시대, 그 잔인한 운명과 역사의 혼란에서 과학자들 역시 벗어나지 못했다. 과학은 민족의 미래를 여는 열쇠이자 식민지 현실을 극복하는 도구였지만, 이념은 우리를 분열시켰고, 소용돌이 속에서 서로를 공격하기도 하며 결국 전쟁으로 이어졌다. 대립의 역사가 우리 과학에 남긴 상처는 컸다. 무엇보다 거침없이 세계를 누비던 그 생생한 기록을 잊게 했다.

그렇게 우리는 그 시대를 잊고 있다. 100년 전에 이미 상대성이론과 양자역학이 조선을 휩쓸고 지나갔음에도, 그리고 최신 과학을 소개한 선구자들이 만든 기반이 기적 같은 성장의 바탕이 되었음에도, 마치 우리 선조들이 서양 과학 흐름에 무지했다는 인식에 사로잡혀 있다. 하지만 우리가 잊고 있을 뿐이다. 그들이 남긴 당시의 기록을 보면 오히려 현재의 교양 과학이 더 후퇴한 것은 아닌가 하는 생각마저 든다.

나는 '단절'의 레볼루션(revolution)보다 '연결'이라는 의미가 담긴 에볼루션(evolution)을 선호한다. 서구의 과학혁명은 인간 이성에 대한 강한 믿음을 만들어냈지만, 강한 자신감은 이념을 만들었고, 결국 끔찍한 제1·2차 세계 대전으로 이어졌다. 아마 우리 근대 과학사 역시 정치적, 이념적 분열이 만들어낸 단절의 역사였을 것이고, 그렇게 망각의 역사가 되었을 것이다. 이 책은 잘 알려지지 않은, 시대의 비극으로 역사 속에 묻혀버린, 그러나 결코 잊어서는 안 되는 기록이다. 오염된 이념으로 과거를 재단하기보다 그들이 어떤 삶을 살았든, 그 흔적

자체를, 존재 그대로를 받아들여야 한다. 걸러지지 않은 날것으로 과거를 살펴야 현재를 제대로 알 수 있을 것이고, 그래야만 끊어진 이야기를 이어갈 수 있기 때문이다. 새로운 미래는 기억하고 기록할 때 비로소 만들어진다.

존재하는 것은 모두 선하다.

_아우구스티누스

참고 문헌 및 그림 출처

참고 문헌

프롤로그

《동아일보》, 1950년 6월 26일 자.

1895년 서울_ 서재필의 귀국

〈서재필의 변장입국〉, 주한일본공사관기록, 1895년 12월 25일.

〈각계각면 제일 먼저 한 사람〉, 《별건곤》 제16·17호, 1928.

〈동양에서 자동차 제일 먼저 타기가 누구일가〉, 《개벽》 제22호, 1922.

KBS 다큐멘터리, 〈망명객 서재필 세 번의 귀향〉, 2001.

이종찬, 〈서재필의 생애와 사상: 근대적 공중위생론의 대중적 전파자〉, 《醫史學》 제6권 제2호(통권 제11호), pp. 217~230, 대한의사학회, 1997.

윤고은, 〈한인 최초 美대학 졸업생, 변수선생 졸업장 발견〉, 《연합뉴스》, 2012년 11월 1일 자.

〈재판소 처무 규정 통칙을 반포하다〉, 《고종실록》 33권, 고종 32년(1895년) 3월 25일.

〈정월 초하루를 고쳐 정하여 양력을 쓰되 개국 504년 11월 17일을 505년 1월 1일로 삼으라고 명하다〉, 《고종실록》 33권, 고종 32년(1895년) 9월 9일.

〈연호를 건양으로 의정하다〉, 《고종실록》 33권, 고종 32년(1895년) 11월 15일.

〈서재필의 대중 강연을 본 기고문〉, 《한성신보》, 1896년 3월 15일 자.

〈이재면의 본관을 면직하고 김병시 등에게 관직을 제수하다〉, 《고종실록》 제34권, 고종 33년(1896년) 2월 11일.

〈김홍집, 정병하가 백성들에게 살해되다〉,《고종실록》34권, 고종 33년(1896년)
　2월 11일.

〈조선국 대군주 및 세자궁 러시아 공사관에 입어한 전말 보고〉, 주한일본공사
　관기록, 1896년 2월 13일.

〈국왕의 아관파천과 내각 교체〉, 주한프랑스공사관이 본국 장관에 보낸 문서,
　1896년 2월 15일.

〈최익현이 상소를 올리다〉,《고종실록》34권, 고종 33년(1896년) 2월 25일.

〈지석영이 양력 사용을 없애고 음력을 사용할 것에 대하여 상소를 올리다〉,
　《고종실록》36권, 고종 34년(1897년) 12월 21일.

《윤치호 일기》1893년 8월 14일, 1896년 1월 28일, 1897년 5월 10일, 1897년 7
　월 8일, 1897년 11월 30일, 1898년 5월 14일, 국사편찬위원회 한국사데이터
　베이스.

〈망명 한국인 황철·박영효의 거동에 대한 심문 보고〉, 일본 후쿠오카현 지사가
　외무대신에 보낸 문서, 1898년 7월 20일.

〈우범선·박영효·강원달의 동향 보고〉, 일본 효고현 지사가 외무대신에 보낸
　문서, 1898년 9월 23일.

〈밀항 귀국한 우범선의 송환 촉구〉, 서울의 일본공사가 외무대신에 보낸 문서,
　1898년 9월 27일.

1902년 샌프란시스코_ 안창호와 하와이

'안창호', 공훈전자사료관, 2023년 7월 14일, url: https://e-gonghun.mpva.
　go.kr/user/IndepCrusaderDetail.do?goTocode=20003&mngNo=3154

김종우, 〈도산 안창호 선생, 1902년 美신문과 인터뷰 기사 발견〉,《연합뉴스》,
　2016년 3월 6일 자.

김도형, 〈여행권(집조)을 통해 본 초기 하와이 이민의 재검토〉,《한국독립운동
　사연구》제44집, pp. 293~329, 2013.

최창희, 〈한국인의 하와이 이민〉,《국사관논총》제9집, pp. 124~202, 국사편찬
　위원회, 1989.

KBS 역사스페셜, 〈조선특사 민영환, 러시아황제를 만나다〉, 2003.

《윤치호 일기》 1905년 7월 25일, 국사편찬위원회 한국사데이터베이스.

〈주미일본공사가 보낸 이승만의 활동에 대한 보고서〉, 1905년 8월 5일.

《윤치호 일기》 1905년 9월 11일, 국사편찬위원회 한국사데이터베이스.

《대한매일신보》, 1910년 8월 28일 자.

〈그 아버지의 소식을 알고자〉, 《신한민보》, 1915년 6월 24일 자.

〈황진남씨의 유세, 한국 내정을 발표하려고〉, 《신한민보》, 1919년 3월 22일 자.

〈미주지역 한인이민사〉, 《한국사론》 39권, 한국사데이터베이스.

〈국문 글씨 쓰는 기계 신발명, 대한 국문 타자기의 원조〉, 《신한민보》, 1912년 6월 17일 자.

〈서재필 박사의 부인이 각 교회에 분포한 기도문〉, 《신한민보》, 1919년 5월 22일 자.

〈서박사 상항 도착과 환영회석에서 연설〉, 《신한민보》, 1925년 6월 25일 자.

Sophie Quinn-Judge, *Ho Chi Minh: The Missing Years, 1919~1941*, University of California Press, 2003.

이장규, 〈1919년 대한민국 임시정부 '파리한국대표부'의 외교활동: 김규식의 활동을 중심으로〉, 《한국독립운동사연구》 vol. 70, pp. 47~94, 한국독립운동사연구소, 2020.

1919년 상하이_ 안창호와 황진남

〈사백 남녀 동포는 안, 정, 황 3씨를 대환영, 대한공화국 국기 밋혜 두뢰 인물들이 모혀〉, 《신한민보》, 1919년 7월 15일 자.

MBC 스페셜, 〈세계를 뒤흔든 순간: 러시아 혁명〉, 2006.

'이동휘', 공훈전자사료관, 2023년 7월 17일, url: https://e-gonghun.mpva.go.kr/user/IndepCrusaderDetail.do?goTocode=20003&mngNo=81254

김방, 〈이동휘 연구〉, 《국사관논총》 제18집, pp. 57~87, 국사편찬위원회, 1990.

임경석, 《독립운동열전》 1·2, 푸른역사, 2022.

〈전 외무차장 현순의 동정, 미국에 들어가서 독립사상을 고취〉, 《매일신보》,

1921년 5월 2일 자.

'현순', 공훈전자사료관, 2023년 7월 17일, url: https://e-gonghun.mpva.go.kr/
user/ContribuReportDetail.do?goTocode=20001&pageTitle=Report&mng
No=10935

'김태연', 공훈전자사료관, 2023년 7월 17일, url: https://e-gonghun.mpva.
go.kr/user/ContribuReportDetail.do?goTocode=20001&pageTitle=Report&
mngNo=6389

'주세죽', 공훈전자사료관, 2023년 7월 17일, url: https://e-gonghun.mpva.
go.kr/user/ContribuReportDetail.do?goTocode=20001&pageTitle=Report&
mngNo=42308

〈레닌회견인상기 그의 서거 일주년에〉,《조선일보》, 1925년 1월 31일 자.

김경민, 〈조국의 광복과 통일, 스러진 혁명의 꿈: 지운 김철수〉,《부안독립신
문》, 2010년 7월 14일 자.

'박진순', 공훈전자사료관, 2023년 7월 17일, url: https://e-gonghun.mpva.
go.kr/user/ContribuReportDetail.do?goTocode=20001&pageTitle=Report&
mngNo=73808

'김철수', 공훈전자사료관, 2023년 7월 17일, url: https://e-gonghun.mpva.
go.kr/user/ContribuReportDetail.do?goTocode=20001&pageTitle=Report&
mngNo=43379

〈평양 전기 통일 운동〉,《조선일보》, 1921년 7월 20일 자.

〈평양 전기 문제〉 6회 연재,《동아일보》, 1922년 1월 23~28일.

〈전력 통일 문제〉,《조선일보》, 1928년 2월 9일 자.

행정안전부 국가기록원, 〈96년 전 독일 훔볼트대에 한국어 강좌 있었다: 국가
기록원, 한글학자 이극로 강의 허가공문 등 관련기록 공개〉, 2019.

1921년 서울_ 조선에 등장한 상대성이론

〈회생하랴는 유태족이 성지에 대학을 설립〉,《동아일보》, 1921년 5월 19일 자.

김재영, 〈일제강점기 조선과 아인슈타인의 조우〉,《철학·사상·문화》제35호,

pp. 260~288, 동국대학교 동서사상연구소, 2021.

이광수, 연재소설 〈무정〉 123회, 《매일신보》, 1917년 6월 9일 자.

이광수, 연재소설 〈무정〉 125회, 《매일신보》, 1917년 6월 13일 자.

〈금년의 문제〉, 《동아일보》, 1922년 1월 1일 자.

공민, 〈아인스타인의 상대성원리〉 7회 연재, 《동아일보》, 1922년 2월 23일~3월 3일.

오영섭, 〈상해 망명 이전 신익희의 민족의식 정립과 민족운동 참여〉, 《제37차 해공 신익희 선생 학술 세미나 자료집》, pp. 93~135, 2012.

〈고종 태황제의 능비 건립 돈화문전에 삼봉대죄〉, 《동아일보》, 1922년 12월 13일 자.

〈고영근이 민회를 승인할 것을 청하다〉, 《고종실록》 38권, 고종 35년(1898년) 11월 17일.

〈고영근 등이 백성들의 권리에 대하여 상소를 올리다〉, 《고종실록》 38권, 고종 35년(1898년) 11월 20일.

〈고영근 등이 보부상을 없애 버리는 것 등에 대하여 상소를 올리다〉, 《고종실록》 38권, 고종 35년(1898년) 12월 6일.

〈고영근 등이 다시 상소를 올리다〉, 《고종실록》 38권, 고종 35년(1898년) 12월 8일.

〈고영근 등이 현안 문제에 대하여 상소를 올리다〉, 《고종실록》 38권, 고종 35년(1898년) 12월 15일.

〈고영근 등을 해임하도록 하다〉, 《고종실록》 39권, 고종 36년(1899년) 2월 18일.

〈도망친 죄인 고영근이 일본에서 역적 괴수 우범선을 살해하다〉, 《고종실록》 43권, 고종 40년(1903년) 12월 3일.

〈고영근, 노원명에게 속죄시키는 은전을 베풀도록 하다〉, 《고종실록》 43권, 고종 40년(1903년) 12월 5일.

김용관, 〈발명학회의 설립의 필요를 논함〉 8회 연재, 《조선일보》, 1924년 7월 30~8월 8일.

김용관, 〈이화학기관 설치 필요를 논함〉 5회 연재, 《조선일보》, 1933년 1월

15~21일.

《과학조선》창간호, 1933년 6월.

1922년 도쿄_ 아인슈타인의 일본 방문

〈아인스타인씨 11월경 방일〉,《동아일보》, 1922년 6월 26일 자.

〈상대성 박사를 청래〉,《동아일보》, 1922년 11월 10일 자.

〈아인스타인씨에 노-벨 상금〉,《동아일보》, 1922년 11월 13일 자.

황진남, 〈상대론의 물리학적 원리〉 4회 연재,《동아일보》, 1922년 11월 14일~
　　17일.

황진남, 〈아인스타인은 누구인가〉 3회 연재,《동아일보》 1922년 11월 18일~
　　20일.

〈횡설수설〉,《동아일보》, 1922년 11월 18일 자.

〈상대성 박사 승선 상해에서 억류〉,《동아일보》, 1922년 11월 15일 자.

김성연, 〈1920년대 초 식민지 조선의 아인슈타인 전기와 상대성이론 수용 양
　　상〉,《역사문제연구》, vol.16, no.1(통권 27호), pp. 33~62, 역사문제연구소,
　　2012.

1923년 조선 전역_ 상대성이론 강연회

'한위건', 공훈전자사료관, 2023년 7월 17일, url: https://e-gonghun.mpva.
　　go.kr/user/ContribuReportDetail.do?goTocode=20001&pageTitle=Report&
　　mngNo=81975

박중엽, 〈내 이름은 이여성〉 6회 연재,《뉴스민》, 2019년 10월 4일~14일.

〈5월 1일: 메이데이와 어린이날〉,《동아일보》 1923년 5월 1일 자.

〈학우회강연대성황〉,《조선일보》, 1923년 7월 15일 자.

〈학우회강연단 제1대는 작일에 무사 입경〉,《동아일보》, 1923년 7월 16일 자.

〈난해로 유명한 상대원리 강연에도 학생은 꿋꿋내 필기를 계속〉,《동아일보》,
　　1923년 7월 19일 자.

〈학우회강연단 도처 성황 중에 강연〉,《동아일보》, 1923년 7월 28일 자.

《윤치호 일기》1934년 8월 27일, 국사편찬위원회 한국사데이터베이스.

〈여류 명사의 동성 연애기〉,《별건곤》제34호, 1930.

'안광천', 한국민족문화대백과사전, 2023년 7월 17일, url: https://encykorea. aks.ac.kr/Article/E0034527

〈여류 음악가 박경희씨 귀국〉,《동아일보》, 1928년 10월 24일 자.

〈새해부터는 무엇을 할까 (8) 한눈팔새가 없이 민중적 예술가 되기 소망〉,《조선일보》, 1928년 12월 26일 자.

〈결혼식장에 통곡성 고요하고 엄숙하고 재미있든 식장이 별안간 수라장이 되어〉,《조선일보》, 1925년 8월 30일 자.

박금옥, 〈YMCA 자원봉사상 받은 75세의 박진성 할머니〉,《중앙일보》, 1982년 2월 3일 자.

이광수, 〈아인스타인의 상대성 원리, 시간 공간 및 만유인력 등 관념의 근본적 개조〉,《동광》제14호, pp. 50~53, 1927.

〈상대성이론을 가르키라〉,《중외일보》, 1928년 8월 22일 자.

〈애인에게 보내는 책자〉,《동광》제39호, 1932.

1923년 도쿄_ 간토대지진과 우장춘, 베를린의 황진남과 이극로

〈양악백년〉 36화,《중앙일보》, 1974년 5월 7일 자.

김영철, 〈조선일보에 비친 '신문화의 탄생' 7: 1923년 경성 시민 사로잡은 크라이슬러와 하이페츠〉,《조선일보》, 2012년 1월 25일 자.

〈최-백 양 씨 무사 판명〉,《동아일보》, 1923년 9월 27일 자.

쓰노다 후사코, 오상현,《조국은 나를 인정했다: 우장춘 박사 일대기》, 교문사, 1992.

이영래,《우장춘의 마코토: 한·일사에 숨겨진 금단의 미스터리》, HNCOM, 2013.

김근배, 〈우장춘의 한국 귀환과 과학연구〉,《한국과학사학회지》, vol.26, no.2, pp. 139~164, 한국과학사학회, 2004.

〈구연수, 민병한, 이윤용 등에게 벼슬을 주다〉,《순종실록》1권, 순종 1년(1907년)

7월 21일.

〈최지환과 오성환 반민조·진주서 체포〉,《남조선민보》, 1949년 2월 17일 자.

〈김정호에 무죄〉,《조선일보》, 1950년 6월 21일 자.

전갑생, 〈최지환 '일본놈 못된 것 한탄하는 황국광신자'〉,《오마이뉴스》, 2003
    년 7월 25일 자.

강원달, 한국사데이터베이스 직원록 자료.

김남응, 임진택, 장재원, 〈프랭크 로이드 라이트의 온돌체험과 그의 건축작품
    에의 적용과정 및 의미에 대한 고찰〉,《대한건축학회논문집》, vol.21, no.9,
    pp. 155~166, 대한건축학회, 2005.

'재독한인대회', 한국민족문화대백과사전, 2023년 7월 17일, url: https://
    encykorea.aks.ac.kr/Article/E0076983

〈저머니 우리 학회에 위대한 의리적 구제〉,《신한민보》, 1923년 11월 22일 자.

〈황진남씨 절박한 사정〉,《신한민보》, 1924년 2월 21일 자.

〈유덕학생을 구제 몇 끼니 안 먹고라도〉,《신한민보》, 1924년 5월 8일 자.

〈국민회총회공독 공문 제95호〉,《신한민보》, 1924년 6월 26일 자.

〈저먼의 경제 현상과 우리 동포의 정형〉,《신한민보》, 1924년 8월 15일 자.

〈먹지 못해 죽어가는 60명 구제하시요〉,《신한민보》, 1924년 8월 15일 자.

〈유덕학생이 재미 동포의 동정금 감사 고학생들이 곤란을 면하였다고〉,《신한
    민보》, 1924년 8월 15일 자.

〈김창서 박사는 패리쓰에서〉,《신한민보》, 1925년 6월 4일 자.

〈유 독일 고려학생〉,《신한민보》, 1925년 11월 5일 자.

〈이극로 박사의 국어 강연〉,《신한민보》, 1928년 7월 5일 자.

〈국어가 민족의 생명 중요보다 지급 문제: 강사 리극로 박사의 역설〉,《신한민
    보》, 1928년 8월 30일 자.

〈이극로 박사 29일 귀국〉,《신한민보》, 1928년 8월 30일 자.

〈하와이-이극로 박사 하와이에서 귀국〉,《신한민보》, 1928년 10월 11일 자.

1926년 서울_ 최초의 물리학 박사가 된 야구 스타 최규남

《윤치호 일기》1899년 2월 1일, 국사편찬위원회 한국사데이터베이스.

〈각교 순방기: 유사이래 첫 공훈, 연희야구의 거성 최군〉,《조선일보》, 1926년 3월 16일 자.

정운형, 〈Arthur L. 베커 선교사와 근대 과학 교육〉,《인문과학》vol.111, pp. 87~113, 연세대학교 인문학연구원, 2017.

한국물리학회,《한국물리학회 50년사》, 2002.

김태호, 〈과학기술자이자 시민으로〉,《한국문화사》제4권, 국사편찬위원회(우리역사넷).

'일석 이희승 선생', 일석학술재단, 2023년 7월 17일, url: https://ilsuk.campaignus. me/brief-history

〈왕년 연전 투수 최씨 도미 유학 운동 통신도 할터〉,《조선일보》, 1927년 4월 29일 자.

채선엽, 〈천구백삼십년대식 연애 방법〉,《뿌리깊은 나무》, 1977년 12월 호.

〈재원들의 말 (1) 수양시대는 지금으로부터: 좀 더 씩씩하게 전진하자는 이전 음악과 채선엽 양〉,《조선일보》, 1931년 3월 10일 자.

〈수리학계의 정예 최씨 금의환향: 이학박사의 학위를 엇고〉,《동아일보》, 1932년 12월 10일 자.

〈결혼하는 채선엽씨〉,《조선일보》, 1934년 4월 21일 자.

〈우리가 본 각국: 운동 두 자 빼면 학생생활은 0-미국 최규남〉,《동아일보》, 1935년 1월 1일 자.

김창세, 〈"파리"와 "베르사이으" 프랑스 구경, 유로바 유람감상기〉,《동광》제4호, pp. 20~26, 1926.

〈파리 문학사 김법린 씨의 귀경〉,《조선일보》, 1928년 1월 16일 자.

박윤재, 〈김창세의 생애와 공중위생 활동〉,《醫史學》vol.15, no.2, pp. 207~221, 대한의사학회, 2006.

〈은막천일야화 (5) 다방 카카듀에 나타난 하와이의 아가씨 미쓰 현〉,《조선일보》, 1940년 2월 14일 자.

정병준, 《현앨리스와 그의 시대: 역사에 휩쓸려간 비극의 경계인》, 돌베개, 2015.

정지돈, 《모든 것은 영원했다》, 문학과지성사, 2020.

1931년 교토_ 브나로드운동과 이태규, 지식인의 좌절

〈최초 이학박사〉, 《동아일보》, 1931년 7월 20일 자.

이태규 박사 전기편찬위원회, 《어느 과학자의 이야기: 이태규 박사의 생애와 학문》, 도서출판 동아, 1990.

대한화학회, 《나는 과학자이다: 우리나라 최초의 화학박사 이태규 선생의 삶과 과학》, 양문, 2008.

채만식, 《레디메이드 인생》, 문학과지성사, 2004.

심훈, 《상록수》, 애플북스, 2014.

송민호, 〈이상의 초기 일문시 '且8氏의 出發'의 전고와 모더니티의 이중적 구조〉, 《인문논총》, vol. no.62, pp. 71~97, 서울대학교 인문학연구원, 2009.

〈일대 경이 붕정 일만 이천 킬로 체백호 착륙 당시 광경〉, 《조선일보》, 1929년 8월 21일 자.

'몽양 여운형 선생 기념 사업회', 2023년 7월 17일, url: http://www.mongyang.org/default/

〈북중국의 빙상계를 조선 건아들이 정복, 경탄할 손씨 남매의 활약〉, 《조선일보》, 1935년 2월 6일 자.

〈여자 빙상계의 제1인자 손인실〉, 《조선일보》, 1938년 1월 1일 자.

〈이전 릴레- 우승〉, 《조선일보》, 1937년 1월 24일 자.

〈압강에 원정할 이전 손양〉, 《조선일보》, 1937년 1월 29일 자.

〈빙상의 손양 결혼〉, 《조선일보》, 1939년 10월 5일 자.

대한정형외과학회, 《대한정형외과학회 50년사》, 2006.

김태호, 〈한글의 기계화〉, 《한국문화사》 제4권, 국사편찬위원회(우리역사넷).

1934년 과학데이_ 양자역학의 도입

〈과학데이 기 행렬 금야에는 강연회〉, 《동아일보》, 1935년 4월 20일 자.

〈가두에 전개된 과학 조선의 풍경〉, 《조선일보》, 1935년 4월 20일 자.

김태호, 〈조선 지식인의 과학 기술 읽기〉, 《한국문화사》 제4권, 국사편찬위원회(우리역사넷).

임정혁, 〈물리학자 도상록의 생애와 연구활동에 대하여〉, 《한국사론》 42권, 국사편찬위원회 한국사데이터베이스, 2005.

〈유학생사업〉, 《동아일보》, 1928년 7월 4일 자.

〈지방쇄신 함흥 내호 야학 내부 확장〉, 《조선일보》, 1930년 2월 1일 자.

〈흥남 학술 강연 대성황을 일워〉, 《동아일보》, 1931년 8월 2일 자.

〈대성황을 일운 학술강연을 듯고〉, 《조선일보》, 1931년 8월 3일 자.

〈과학, 새 세기의 경이! 광선과학의 극치, 밤이 낮 되고: 죽은 이가 말을 한다〉, 《별건곤》 제69호, 1934.

〈상대성 원리의 비약〉, 《동아일보》, 1935년 7월 9일 자.

〈양자론에 관한 논쟁〉, 《동아일보》, 1935년 10월 4일 자.

최규남, 〈신흥물리학의 추향〉 6회 연재, 《조선일보》 1936년 2월 8일~15일.

도상록, 〈노-벨 물리학상 제임스·챠드워그 약전과 연구〉 2회 연재, 《조선일보》, 1936년 2월 16일, 18일.

도상록, 〈노-벨 화학상 연구에 창수한 죠리오 부처〉 3회 연재, 《조선일보》 1936년 2월 23일, 25일, 26일.

김현철, 《강력의 탄생》, 계단, 2021.

도상록, 〈인과율의 재음미〉, 《조광》 1936년 3월 호, pp. 138~143, 4월 호, pp. 160~167.

최규남, 〈물리학상으로 본 우주선〉 4회 연재, 《조선일보》, 1936년 3월 25일~28일.

도상록, 〈끌라이더〉 4회 연재, 《동아일보》, 1936년 4월 11일~14일.

도상록, 〈성층권 이야기〉 6회 연재, 《동아일보》, 1936년 6월 2일~7일.

최규남, 〈장래할 '로케트' 시대: 비상천외의 실현화 월세계 여행도 불원〉 4회 연재,《동아일보》, 1936년 5월 7일~10일.

최규남,〈일식이란 무엇〉 6회 연재,《동아일보》, 1936년 6월 18일~26일.

최규남,〈과학의 수수걱기 델린저 현상검토: 오십사일주기설도 붕괴되나?〉 5회
연재,《조선일보》, 1936년 10월 1일~8일.

최규남,〈현대과학의 제 성과: 생활에 즉한 연구 멧가지〉 5회 연재,《조선일보》,
1937년 1월 3일~12일.

도상록,〈건축과 음향의 관계〉 6회 연재,《조선일보》, 1937년 3월 12일~18일.

최규남,〈첨단과학: 미래전의 신병기〉,《동아일보》, 1938년 1월 4일 자.

최규남,〈최근 세계 과학의 성과〉 3회 연재,《조선일보》, 1938년 1월 6일~8일.

도상록,〈물리연구소: 나의 백일몽〉,《동아일보》, 1936년 7월 22일 자.

최규남,〈십 층의 "理硏"〉,《동아일보》, 1936년 8월 5일 자.

1937년 교토_ 우장춘, 이태규, 리승기

김태호,《오답이라는 해답: 과학사는 어떻게 만들어지나》, 창비, 2021.

김근배,〈과학으로 시대의 경계를 횡단하다: 이태규·리승기·박철재의 행로〉,
《대동문화연구》, vol., no.106, pp. 7~34, 성균관대학교 대동문화연구원,
2019.

박성래,〈한국 원자력의 아버지 '박철재'〉,《과학과 기술》 제38권 제10호, pp.
98~100, 한국과학기술단체총연합회, 2005.

김자일(김종의 필명),〈육종계의 권위, 우장춘씨 방문기〉 2회 연재,《조선중앙
일보》, 1934년 9월 16일, 17일.

〈우장춘 씨에게 농박학위 수여, 유채의 연구에 성공〉,《동아일보》, 1936년 5월
5일 자.

〈우 씨 농박 논문, 구미 학계에도 번역되어 호평〉,《조선중앙일보》, 1936년 5월
16일 자.

김자일(김종의 필명),〈진화론의 신개척 우장춘 박사의 학위 논문 개요〉,《동아
일보》, 1937년 12월 28일 자.

우장춘,〈유전과학 응용하는 육종개량의 중요성: 조선은 아직도 처녀 시대〉 2회

연재, 《동아일보》, 1938년 1월 13일, 14일.

Lawrence B. Glickman, "'Make Lisle the Style': The Politics of Fashion in the Japanese Silk Boycott, 1937~1940," *Journal of Social History*, Vol. 38, No. 3, pp. 573~608, 2005.

Chris Kwon, "The Washington Commonwealth Federation and the Japanese Boycott of 1937-1938," *The Great Depression in Washington State Project*, University of Washington.

Emily Spivack, "Stocking Series, Part 1: Wartime Rationing and Nylon Riots," *Smithsonian Magazine*, September 4, 2012.

1940년 함흥_ 황진남의 귀국

〈미모에 어리운 향수: 이역 함흥에서 파리 낙성에 경악 국제애 황진남씨 가정 방문기〉, 《조선일보》, 1940년 6월 16일 자.

〈아인슈타인에 대하야〉, 《매일신보》 라디오 프로그램 안내, 1940년 10월 19일 자.

장영우, 〈채동선 가곡과 정지용 시의 변개〉, 《한국문예창작》 제13권 제3호(통권32호), pp.35~58, 한국문예창작학회, 2014.

손지연, 〈인터뷰: 평생을 동요만 지으며 살아온 아흔 살의 어린이 윤석중 "생각은 열 살, 마음은 서른 살입니다…"〉, 《월간조선》, 2000년 1월 호.

이현욱, 〈일기〉, 잡지 《여성》, 1940년 10월.

임헌영, 〈편지로 본 1940년대 문단 秘史 (7) 임화의 처 지하련〉, 《서울신문》, 2001년 8월 31일 자.

이현욱, 〈엿서서 애타기보다 한탄할 것은 "솜씨"〉, 《조선일보》, 1939년 1월 4일 자.

지하련, 《월북작가 대표문학: 납북·월북·재북작가 50인선》 6권, 서음출판사, 1989~1991.

임정연, 〈시대의 공동(空洞), 역사의 도정(道程)을 걸어: 지하련의 삶과 문학의 궤적〉, 《이화어문논집》 41, pp. 197~205, 이화어문학회, 2017.

이장렬, 〈지하련의 가계와 마산 산호리〉, 《지역문학연구》 제5호, pp. 111~130, 경남부산지역문학회, 1999.

손유경, 〈해방기 진보의 개념과 감각 지하련을 중심으로〉《현대문학의 연구》,
    vol., no.49, pp. 147~174, 한국문학연구학회, 2013.

'임오교변', 한국민족문화대백과사전, 2023년 7월 17일, url: https://encykorea.
    aks.ac.kr/Article/E0047564

한글학회, 〈조선어학회 수난에 관한 증언: 연세대 이근엽 명예교수〉, 2011년 1월
    20일.

KBS 〈TV 책을 말하다〉, '피천득의 인연', 2002년 8월 29일.

이성규, 〈이공학부를 중심으로 본 경성제국대학의 식민사적 의미〉,《한국사론》
    42권, 국사편찬위원회 한국사데이터베이스, 2005.

1945년 서울_ 해방공간의 꿈

〈민족해방의 사자호 우리들 이상의 낙토 세우자 여운형 씨 강연〉,《매일신보》,
    1945년 8월 17일 자.

김창희, 최종현,《오래된 서울》, 동하, 2013.

〈무전왕 부부 근역에 제1보〉,《동아일보》, 1933년 11월 25일 자.

김명진, 〈라디오와 텔레비전 방송의 등장과 변모〉,《한국문화사》제4권, 국사
    편찬위원회(우리역사넷).

《매일신보》, 1945년 8월 9일 자.

《매일신보》, 1945년 8월 14일 자.

이완범, 〈북한 점령 소련군의 성격: 1945. 8. 9~1948. 12. 26〉,《국사관논총》제
    25집, pp. 160~181, 국사편찬위원회, 1991.

여운홍,《몽양 여운형》, 청하각, 1967.

이인수, 〈미군정의 한국정치지도자에 대한 정책연구(1945~1948)〉,《국사관논
    총》제54집, pp. 65~110, 국사편찬위원회, 1994.

김정흠, 〈새물리 창간 10주년 기념 좌담회: 한국물리학회의 과거 현재 미래〉,
    《새물리》, Vol. 11, No. 2, pp. 64~77, 한국물리학회, 1971.

김동광, 〈해방 공간과 과학자 사회의 이념적 모색〉,《과학기술학연구》, 제6권
    제1호(통권 제11호), pp. 89~118, 한국과학기술학회, 2006.

〈이임학〉,《대한민국 과학기술유공자 공훈록 1》, 과학기술정보통신부·한국과 학기술한림원, 2019.

최형섭, 〈나의 연구 이야기: 최형섭 전 과기처 장관〉 15회 연재,《매일경제》, 1999년 7월 13일~8월 6일.

롯데지주,《열정은 잠들지 않는다: 롯데그룹 창업주 신격호 회고록》, 나남, 2021.

김정미, 〈우리나라 현대 예술사의 산증인 세종문화회관〉, 행정안전부 국가기 록원 기록으로 만나는 대한민국.

1946년 제주 _ 좌우 대결과 남북 분단

〈백남운씨 사임, 도교수는 파면〉,《동아일보》, 1946년 6월 2일 자.

〈도상록씨 불구속으로 취조〉,《동아일보》, 1946년 6월 9일 자.

이상구, 함윤미, 〈한국 근대 고등수학 도입과 교과과정 연구〉,《한국수학사학 회지》, v.22 no.3, pp. 207~254, 한국수학사학회, 2009.

〈이임학 박사와의 대담(대한수학사 1권)〉,《과학과 기술》, 1996년 12월 호, 한 국과학기술단체총연합회.

이정림, 〈나의 스승 고 이임학 선생님을 추모하며〉,《대한수학회소식》 제100권, pp. 11~13, 대한수학회, 2005.

장범식, 〈고 이임학 교수의 업적〉,《대한수학회소식》 제100권, pp. 14~15, 대한 수학회, 2005.

주진순, 〈세계적인 수학자 이임학 형을 그리워하며〉,《대한수학회소식》 제112권, pp. 2~4, 대한수학회, 2007.

노상호, 〈해방 전후 수학 지식의 보급과 탈식민지 수학자의 역할: 최윤식과 이 임학의 사례를 중심으로〉,《한국과학사학회지》, vol.40, no.3, pp. 359~388, 한국과학사학회, 2018.

〈우리의 배〉,《동아일보》, 1930년 11월 7일 자.

〈김녕에 명소 또 하나 신판 "사혈" 발견 전 사혈의 2배 이상 큰 굴〉,《제주신 보》, 1947년 4월 10일 자.

〈지하 10m 동굴서 결혼식〉,《조선일보》, 1969년 6월 1일 자.

〈굴속에 시체 4구〉,《조선일보》, 1971년 4월 1일 자.

〈원시인 유적 발견〉,《조선일보》, 1971년 3월 13일 자.

〈식물학자 부종휴 씨 귀가길에 변사체로〉,《조선일보》, 1980년 11월 23일 자.

전지혜, 〈'짚신에 횃불 들고'… 만장굴 첫 탐험 70주년 조형물 건립〉,《연합뉴
스》, 2016년 10월 20일 자.

1947년 보스턴_ 여운형, 황진남, 서재필

손기정,《나의 조국 나의 마라톤: 손기정 자서전》, 휴머니스트, 2022.

양재성,《대한의 아들, 족패천하 서윤복: 1947년 제51회 보스턴 마라톤대회 우
승》, 대한체육회, 2015.

〈조국을 위해 달린 두 사람, '마라토너 서윤복과 함기용'〉, 행정안전부 대통령
기록관.

황석영, 〈황석영이 뽑은 한국 명단편 (11) 지하련 '도정(道程)'〉 2회 연재,《경
향신문》, 2012년 2월 10일, 17일.

〈문화예술가의 사자호 문화의 적은 민족의 적이다〉,《독립신보》, 1947년 2월
15일 자.

김윤희, 〈보스턴 마라톤 금 서윤복옹, 치매-뇌졸중 힘겨운 투병〉,《조선일보》,
2007년 1월 18일 자.

〈해사 이원순, 마침내 한국의 올림픽 출전 길을 트다〉,《스포츠원》2014년 5월 호.

정용욱, 〈미군정, 여운형 피살 위험 알고도 나몰라라〉,《한겨레신문》, 2019년 8월
31일 자.

〈여운형이 김용중에게 보내는 편지〉, 1947년 7월 19일.

《동아일보》, 1947년 7월 20일 자.

〈서박사 작일 이국〉,《조선일보》, 1948년 9월 12일 자.

도진순, 〈심층 추적 '영웅' 안중근 가문의 이산과 죽음 안중근의 직계후손, 전
세계로 뿔뿔이 흩어져〉,《월간조선》2009년 12월 호.

1950년 부산_ 우장춘의 귀국

KBS 인물현대사, 〈씨앗의 독립: 우장춘〉, 2004년 2월 27일.

'우장춘 박사', 농촌진흥청 국립원예특작과학원, 2023년 7월 17일, url: https://
  www.nihhs.go.kr/usr/persnal/Drjc.do

박형규, 신홍범, 《나의 믿음은 길 위에 있다: 박형규 회고록》, 창비, 2010.

〈미국 유학생을 원조 조미 캘 대학 동창회에서〉, 《동아일보》, 1948년 1월 24일 자.

'전시연합대학', 한국민족문화대백과사전, 2023년 7월 17일, url: https://
  encykorea.aks.ac.kr/Article/E0073450

'대학신문 연혁', 서울대학교대학신문, 2023년 7월 17일, url: https://www.
  snunews.com/com/com-2.html

〈미네소타 프로젝트, 서울대학교 재건을 위한 노력〉, 서울대학교 기록관.

박세희, 〈스승을 위한 변명: 최윤식 선생과 사사오입 개헌〉, 《대한민국학술원
  통신》 294호, pp. 7~13, 대한민국학술원, 2018.

류춘도, 《벙어리새: 어느 의용군 군의관의 늦은 이야기》, 당대, 2005.

'김정수', 한국민족문화대백과사전, 2023년 7월 17일, url: https://encykorea.
  aks.ac.kr/Article/E0010393

김성동, 〈현대사 아리랑 효용을 위한 문학 임화〉 2회 연재, 《주간경향》, 2009년
  5월 5일, 12일.

이문열, 《리투아니아 여인》, 민음사, 2011.

1953년 판문점_ 한글 타자기와 우장춘

공병우, 《나는 내 식대로 살아왔다: 공병우 자서전》, 대원사, 1991.

강민진, 〈일제에 압수 '조선말큰사전 원고' 서울역 창고서 발견되다〉, 《한겨레
  신문》, 2018년 9월 8일 자.

박다연, 〈한글 기계화의 아버지 공병우 박사〉, 국립한글박물관, 2017.

'이나모리 명예회장과 우장춘 박사와의 인연', 교세라 홈페이지, 2023년 7월
  17일, url: https://korea.kyocera.com/inamori/profile/connection/index.html.

오동룡, 〈비망록을 통해 본 대한민국 원자력 창업 스토리〉 2회 연재, 《월간조

선》2016년 2월 호 및 3월 호.

한대수,《한대수, 사는 것도 제기랄 죽는 것도 제기랄》, 아침이슬, 2000.

박갑동, 〈내가 아는 박헌영〉 178회 연재,《중앙일보》, 1973년 2월 13일~9월 28일.

전쟁이 끝나고_ 구체제의 종말

이승재, 〈비운의 황세손비 줄리아: 뉴욕에서 운명의 만남, 남편에게 버림받고
도 남편 나라 위해 봉사활동〉, 인터뷰 매거진《톱클래스》 2005년 9월 호.

〈실로 오백여 억원! 오백년 묵은 구왕가 재산〉,《동아일보》, 1949년 2월 13일 자.

권세진, 〈대한제국 황실 재산 소송 전국 곳곳에 숨어 있는 황실재산, 주인은 누
구?〉,《월간조선》 2013년 5월 호.

이경희, 〈영친왕비 친필일기 등 구한말 황족 유물 700여 점 공개〉,《중앙일보》,
2010년 2월 19일 자.

김도한, 〈이임학 선생님과의 만남〉,《대한수학회소식》 제100권, pp. 7~10, 대
한수학회, 2005.

위진록,《고향이 어디십니까?》, 모노폴리, 2013.

조준희, 〈파묘될 위기 처한 애국지사 황진남 선생 묘소〉,《통일뉴스》 2021년
12월 1일 자.

에필로그

류한수, 〈러시아 혁명의 한복판에 섰던 한국인들, 러시아 혁명 발발 100주년에
부쳐〉,《지식의 지평》 제22호, pp. 1~13, 대우재단, 2017.

* 본문에서 참조 또는 인용한 신문 및 잡지 기사는 쉽게 읽히도록 문장부호와 어미를 일부 수
정한 곳은 있으나 최대한 그대로 수록했습니다.

그림 출처

8쪽 강제규 감독, 〈태극기 휘날리며〉, 2004년

10쪽 《동아일보》, 1950년 6월 26일 자

14쪽 Wikimedia Commons

18쪽 Wikimedia Commons

27쪽 Wikimedia Commons

29쪽 Wikimedia Commons

32쪽 《샌프란시스코 크로니클》, 1902년 12월 7일 자

35쪽 Wikimedia Commons

39쪽 《대한매일신보》, 1910년 8월 28일 자

41쪽 Korean Heritage Library, University of Southern California

48쪽(위) 독립기념관

48쪽(아래) 독립기념관

51쪽(위) Alamy, World History Archive

51쪽(아래) Alamy, Lenin Archive

58쪽 국사편찬위원회

64쪽 《동아일보》, 1921년 5월 19일 자

68쪽 《동아일보》, 1922년 1월 1일 자

70쪽 뮤지엄 산

74쪽 민태기

78쪽 《과학조선》 창간호, 1933년 6월

80쪽 Wikimedia Commons, Meiji Seihanjo

83쪽 《동아일보》, 1922년 11월 14일

87쪽 《동아일보》, 1922년 11월 18일

94쪽 《동아일보》, 1923년 7월 16일 자

98쪽(위) 《동아일보》, 1923년 5월 1일 자

98쪽(아래) 국사편찬위원회

102쪽《동아일보》, 1923년 7월 28일 자

105쪽(위)《동아일보》, 1928년 10월 24일 자

105쪽(아래)《조선일보》, 1928년 12월 26일 자

109쪽《동광》제39호, 1932

112쪽 Public Broadcasting Service

115쪽 이상원 123쪽《신한민보》, 1924년 8월 15일 자

126쪽《조선일보》, 1926년 3월 16일 자

131쪽《조선일보》, 1931년 3월 10일 자

137쪽 정병준

140쪽《동아일보》, 1931년 7월 20일 자

146쪽《조선일보》, 1929년 8월 21일 자

151쪽《조선일보》, 1935년 2월 6일 자

152쪽(왼쪽)《조선일보》, 1938년 1월 1일 자

152쪽(오른쪽)《조선일보》, 1937년 1월 24일 자

152쪽(아래)《조선일보》, 1937년 1월 29일 자

154쪽(위)《동아일보》, 1935년 4월 20일 자

154쪽(아래)《조선일보》, 1935년 4월 20일 자

178쪽 권숙일

184쪽 WCF's Sunday News

185쪽 Library of Congress

187쪽 Library of Congress

190쪽《조선일보》, 1940년 6월 16일 자

197쪽《여성》, 1940년 10월

208쪽 (사)몽양여운형선생기념사업회 홈페이지

211쪽《동아일보》, 1923년 11월 25일 자

213쪽《매일신보》, 1945년 8월 9일 자

214쪽《매일신보》, 1945년 8월 14일 자

224쪽 민태기

229쪽 서울대학교 기록관

233쪽 《동아일보》, 1930년 11월 7일 자

236쪽 대한체육회

239쪽 《독립신보》 1947년 2월 15일 자

244쪽 《동아일보》 1947년 7월 20일 자

248쪽 (위) Wikimedia Commons

248쪽 (아래) Wikimedia Commons

250쪽 뮤지엄 산

254쪽 농촌진흥청 국립원예특작과학원

268쪽 Wikimedia Commons

280쪽 민태기

284쪽 민태기

288쪽 이장춘

289쪽 민태기

292쪽 Wikimedia Commons, Boris Kustodiyev